울릉도·독도의
바다 생태계

울릉도·독도의 바다 생태계
_해류와 바람 그리고 해양 생물

초판 1쇄 발행일 2018년 12월 20일

지은이 김윤배·민원기·명정구
펴낸이 이원중

펴낸곳 지성사 **출판등록일** 1993년 12월 9일 **등록번호** 제10-916호
주소 (03458) 서울시 은평구 진흥로 68(녹번동), 정안빌딩 2층(북측)
전화 (02) 335-5494 **팩스** (02) 335-5496
홈페이지 지성사.한국 | www.jisungsa.co.kr **이메일** jisungsa@hanmail.net

ⓒ 김윤배·민원기·명정구, 2018

ISBN 978-89-7889-409-8(04400)
         978-89-7889-168-4 (세트)

잘못된 책은 바꾸어드립니다. 책값은 뒤표지에 있습니다.

이 도서의 국립중앙도서관 출판예정도서목록(CIP)은 서지정보유통지원시스템
홈페이지(http://seoji.nl.go.kr)와 국가자료공동목록시스템(http://www.nl.go.kr/kolisnet)에서
이용하실 수 있습니다.(CIP제어번호: CIP2018040555)

울릉도·독도의
바다 생태계

해류와 바람 그리고 해양 생물

김윤배
민원기
명정구
지음

지성사

■ 차례

울릉도·독도는 동해 한가운데 있으며, 동해로 모여드는 뭇 해양 생물에게 삶의 보금자리를 내어 주는 가히 동해 해양생태계의 오아시스로 불릴 만하다.

육지에도 길이 있듯이 바다에도 해류가 만든 길이 있다. 남쪽에서 따뜻한 바닷물과 북쪽에서 차가운 바닷물을 따라 이동해 온 다양한 해양 생물이 울릉도·독도 주변 바다에 정착하여 살고 있다.

또 강한 표층 해류는 섬에 부딪히면서 영양염이 풍부한 표층 아래의 물을 표층으로 이동시켜 섬 연안의 바다 생태계를 더욱 건강하게 한다. 때로 10미터 안팎을 넘나드는 높은 파도도 바닷물을 크게 뒤섞으면서 영양염이 풍부한 표층 아래의 물을 표층으로 이동시킨다. 그렇게 울릉도·독도의 바람과 파도 그리고 해류는 울릉도·독도의 해양 생물과 서로 눈빛을 나누고 있다.

지금 울릉도·독도 바다는 전 지구적인 해양 환경 변화와 맞물려 변화의 한가운데 서 있다. 한반도 주변 해역에서 가장 높은 수준의 표층 수온 상승률을 나타내면서 울릉도·독도 바다의 아열대화가 급속히 진행되고 있다.

또한 해양 환경 변화에서 빚어진 여러 요인으로 울릉도·독도 바다의 갯녹음 현상도 빠르게 진행되고 있다. 한 예로 독도 바다에는 성게의 이상 증식으로 대황 등 바닷말류가 눈에 띄게 줄어들고 있다.

이처럼 울릉도·독도 바다의 급속한 변화에 따른 울릉도·독도 바다의 해양 생물 다양성을 보호하려면 다양한 노력이 필요하다.

해양수산부에서는 지난 2014년, 울릉도 주변 해역의 해양 보호생물(보호대상해양생물)의 서식지와 산란지를 보호하고, 산호·바닷말류 등 우수한 해저 경관을 보전하고 관리할 목적으로 울릉도 주변 해역을 동해안 최초로 해양보호구역으로 지정했다.

이 책은 동해 울릉도·독도 바다에 서식하는 대표적인 해양 생물을 소개하고, 급속히 변화하는 울릉도·독도 바다 한가운데 놓인 해양 생물을 보호하자는 관심 차원에서 기획했다.

울릉도·독도 사랑은 멀리 있는 것이 아니다. 울릉도·독도 바다를 보존하기 위한 자그마한 실천이 독도 사랑을 실천하는 방법이다. 이는 곧 독도에서 바다사자(강치) 남획이라는 생태적 범죄를 저지른 일본인들에게 독도를 관리하는 진정한 주인은 우리라는 것을 당당히 보여주는 최선의 방법이기도 하다.

이 책은 울릉도·독도를 애정과 열정으로 보듬으며 오랫동안 울릉도·독도 바다 생태계를 연구해 온 여러 전문가들의 앞선 노력이 있었기에 가능했다. 여러 수중 전문가들과 울릉도·독도 바다를 찾는 다이버들의 안전을 위해 언젠가 울릉도에도 감압 챔버(減壓 chamber, 잠수했을 때와 비슷한 압축된 공기를 흡입하면서 몸속에 남아 있는 질소를 천천히 몸 밖으로 빼내어 잠수병을 예방하는 장비) 시설이 설치되기를 내심 기대해 본다.

귀한 사진과 자료를 제공해 준 박수현, 신광식, 김병일, 이선명, 김상준, 최희찬 님 그리고 울릉군청, 경북경찰청 독도경비대를 비롯한 여러 분들에게 깊은 감사의 마음을 드리며, 여러 유익한 현장 자문을 해준 울릉도 수중전문기자 조준호 님에게도 감사를 드린다.

대표 저자 김 윤 배

01

울릉도·독도의
해양 환경

울릉도·독도의 해양 지리적 특징

우리나라의 영토는 대한민국 「헌법 제3조」에 "대한민국의 영토는 한반도와 그 부속도서로 한다"라고 정의한다. 우리나라에는 2876개의 무인도와 함께 472개의 유인도 등 모두 3348개의 섬이 있다. 이러한 섬 중에 한반도 본토에서 가장 멀리 떨어진 섬은 어디일까? 한반도 본토에서 약 217킬로미터 떨어진 최동단의 섬 독도이다. 다음으로 약 132킬로미터 떨어진 최남단의 섬 마라도이며, 그다음으로 약 130킬로미터 떨어진 울릉도이다.

이처럼 한반도 본토에서 가장 멀리 떨어진 섬 독도와 함께 울릉도는 동해 한가운데 자리 잡은 지리적인 특성상 울릉도·독도 주변 바다에는 다양한 외양성 해양 생물이 존재한다. 특히, 울릉도·독도가 위치한 동해는 평균수심이 약 1684미터인 심해 특성에 따라 우리나라에서는 유일하게 다양한 심해 생물도 존재한다(국립수산과학원에 따르면 남해의 평균수심은 101미터, 황해의 평균수심은 44미터이다).

또한 울릉도·독도 주변 바다는 동해 남쪽의 대한해협을 거쳐 동해로 들어와 북상하는 대마난류·동한난류 등 따뜻한 바닷물인 난류와, 동해 북쪽 러시아 인근에서 생성되어 남하하는 차가운 한류가 서로 만나는 해역이라는 특성에 따라 난류와 한류를 타고 울릉도·독도 바다로 모여드는 다양한 난류성·한류성 생물들이 공존하는 바다이다.

애국가의 가사대로 동해 물이 마른다면 울릉도와 독도의 실제 모습은 어떨까? 한라산보다 더 높은, 무려 약 2300미터에 이르는 뾰족한 해저산의 정상부인 독도와 함께, 해저면에서부터 울릉도 최고봉인 성인봉(986.5미터)까지 약 3300미터에 이르는 송곳처럼 생긴 거대한 산을 만나볼 수 있을 것이다. 이러한 해저지형으로 울릉도·독도 바다는 한반도 연안에 비해, 수심 200미터보다 얕은 해저지형으로 정의되는 대륙붕이 발달하지 못한 바다이다.

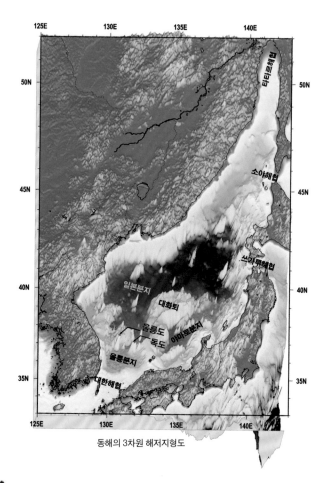

동해의 3차원 해저지형도

울릉도   안용복해산

독도의 대륙붕 면적은 약 78제곱킬로미터, 울릉도의 대륙붕 면적은 약 73제곱킬로미터이다(독도를 포함한 울릉군의 육지부 면적은 72.87제곱킬로미터이다). 울릉군과 이웃한 경북 울진군의 대륙붕 면적 약 1355제곱킬로미터와 비교하면 매우 보잘것없는 면적이다.

또한 울릉도·독도는 송곳처럼 생긴 지형의 특성으로 수심이 매우 가파르다. 울릉도 저동항에서 겨우 400여 미터만 나가도 수심 30미터에 이른다. 울진의 경우 해안선에서 약 32킬로미터를 나가야 수심 1000미터에 이를 수 있지만, 울릉도에서는 5킬로미터만 나가도 수심 1000미터의 심해에 이른다.

이처럼 상대적으로 좁은 대륙붕과 연안의 가파른 해저지형으로 어민들은 울릉도·독도 연안에서 미역, 전복 등 일부 해산물만 채취했을 뿐, 대부분 먼바다를 회유하는 오징어

울릉도·독도 주변의 해저지형 단면도

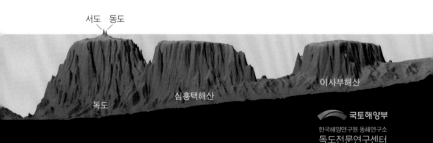

등 회유성 어종에 전통적으로 관심이 높았다.

한반도 본토에서 가장 멀리 떨어져 있는 섬으로 동해 한 가운데 위치한 독도와 함께 울릉도는 수심 2000미터가 넘는 심해에 둘러싸여 있으며, 해저지형이 가팔라 좁은 대륙붕과 해안선 가까이에도 수심이 깊다. 또한 한류와 난류가 교차하여 다양한 난류성·한류성 생물이 공존하는 바다이다.

이러한 울릉도·독도 바다에 의지하여 다양한 생명들이 때로는 이곳에 정착하고, 때로는 잠시 들러 삶과 죽음을 이어가고 있다.

울릉도·독도의 바람과 파도

　　겨울철이나 봄철에 거센 파도가 잠시 잔잔해진 울릉도·독도의 해안가 몽돌밭을 걷다 보면 뿌리째 뽑혀 올라온 대황이라는 바닷말류(해조류)를 자주 만난다. 최근에 기후변화와 맞물려 연안의 바닷말류가 사라지는 바다 사막화 현상이 주목받고 있다. 울릉도·독도 또한 마찬가지이다.

　바닷말류 군락지는 육상의 식물과 마찬가지로 바다에 산소를 공급하는 역할 외에 다양한 어류의 산란장이나 서식장으로 중요한 역할을 담당한다. 바다 사막화의 원인에 대해서는 연안 수온 상승, 환경오염, 바닷말류를 포식하는 조식동물藻食動物의 증가 등 다양한 요인이 제기되지만, 특히 울릉도·독도에는 대황이 뿌리째 뽑힐 정도의 강한 파도도 일정 부분 작용하는 듯하다.

울릉도·독도 주변 바다는 얼마나 파도가 높을까? 기상청에서는 2011년 12월부터 울릉도 동쪽 18킬로미터 해상에 바람과 파고를 실시간으로 측정하는 해양기상부이를 설치·관리하고 있다. 2011년 12월부터 2018년 8월까지의 울릉도 해양기상부이 자료에 따르면, 가장 높은 파고는 2012년 4월 3일과 2013년 4월 7일에 관측된 13.7미터였다.

울릉도·독도 주변 바다는 보통 4월에 동해상에서 발달한 온대성 저기압에 따른 강풍(동해 선풍이라고 한다)으로 풍파와 너울이 중첩되면서 10미터 안팎의 이례적인 높은 파도(이상고파異狀高波)가 발생한다. 그 밖에도 태풍이 발생하는 8월, 그리고 12월과 1월에도 이상 고파가 발생한다.

기상청의 울릉도 해양기상부이에서 측정한 월평균 파고는 연중 12월이 3.4미터로 가장 높고, 1월(3.2미터), 2월(2.9미터), 11월(2.9미터), 3월(2.5미터) 순으로 높으며, 연중 6월이 평균 1.4미터로 가장 낮다.

이상 고파와 함께 겨울철의 지속적인 높은 파도로 바위에 부착된 바닷말류가 뿌리째 뽑히기도 한다.

때로 높은 파도에 따라 독도 연안의 몽돌밭이 통째로 움직이기도 한다. 독도 동도 접안장 인근의 몽돌밭을 중심으로 2016년 3월과 6월에 촬영한 드론 항공사진을 비교해 보면 약 450제곱미터에 이르는 몽돌밭이 사라졌음을 볼 수 있다.

한국해양과학기술원 독도 해양관측부이 자료에 따르면, 2016년 4월과 5월 사이 두 차례에 걸쳐 초속 27미터의 강한 남풍과 함께 최대 11.4미터에 이르는 높은 파도가 독도에 영향을 미쳤다. 이러한 이상 고파로 말미암아 독도 동도 몽돌밭 일부가 주변 해안가로 이동한 것으로 짐작된다. 이 몽돌밭은 다음해 3월, 다시 겨울 동안의 강한 북서풍과 함께

독도 동도 접안장을 덮치는 파도

드론으로 촬영한 독도 동도 접안장 인근의 몽돌밭 해안선 변동(2016년 3월~2017년 3월) |
2016년 3월과 6월 사이에 강한 남풍과 함께 10미터 이상의 파도로 해안선이 변동했다.

높은 파도에 주변 자갈이 밀려들면서 원래의 해안선을 회복
하였음을 확인할 수 있었다.

또한 울릉도·독도 주변 바다는 섬이 비교적 높아(울릉도 최
고봉인 성인봉의 높이는 해발 986.5미터, 독도 최고봉인 서도의 높이
는 해발 168.5미터이다) 섬 자체가 방파제 역할을 하기 때문에
바람의 방향에 따라 섬 주변은 지역에 따라 파도 높이가 크
게 달라진다.

간혹 울릉도를 방문하는 사람들은 해양 기상 악화로 여객
선이 결항하는 날이면, 잔잔한 바람 방향의 반대편을 바라
보면서 왜 여객선이 뜨지 않는지 의아함을 갖곤 한다. 기상
청 울릉도 해양기상부이에서 관측한 바람 자료에 따르면,
울릉도·독도 주변 바다는 11월부터 이듬해 3월까지는 월평
균 북서풍이 우세하고, 4월부터 8월까지 월평균 남동풍 또

는 남서풍이 우세하며, 9월과 10월에는 북동풍이 우세하다.

즉, 9월부터 이듬해 3월까지는 북쪽에서 불어오는 바람이 우세하여 울릉도 북쪽 연안은 파도가 높은 반면, 울릉도 남쪽 연안은 울릉도의 높은 지형의 영향에 따라 상대적으로 잔잔하다. 반대로 4월부터 8월 사이에는 남쪽에서 불어오는 바람이 우세하여 울릉도 남쪽 연안은 파도가 상대적으로 높은 반면, 울릉도 북쪽은 대체로 잔잔하다. 그 예로 울릉도 연안에 설치된 기상청 파고부이 자료에 따르면, 울릉도 북쪽에 설치된 파고부이의 12월 평균파고는 2.3미터인 반면에 울릉도 남서쪽에 설치된 파고부이의 12월 평균파고는

독도 서도의 겨울

1.4미터로 상대적으로 낮다. 독도 연안도 마찬가지이다.

이처럼 울릉도·독도의 육상 지형 특징으로 말미암아 바람의 방향에 따라 연안의 바닷말류는 전혀 다른 환경에 놓여 있다. 겨울철에 울릉도·독도의 남쪽 연안보다 바람이 강하고 파도가 높은 북쪽 연안에서 살아가는 바닷말류가 더 혹독한 겨울을 보내는 셈이다.

울릉도·독도의 바람과 파도는 현재 울릉도·독도의 모습을 만든 주인공이기도 하다. 460~250만 년 전, 해저화산 폭발로 독도가 생성될 즈음에는 현재의 울릉도만큼 큰 섬이었으리라고 추정되지만, 오랜 세월 바람과 파도에 깎이면서 지금의 독도가 만들어졌다. 울릉도도 마찬가지이다.

울릉도·독도의 바람과 파도는 울릉도·독도를 찾는 이들의 발길을 때로 막기도 하지만, 울릉도·독도는 그 바람과 파도에 기대어 숨을 쉬어 왔고 지형을 만들어 왔다. 이렇듯 바람과 파도에 의지하여 모습을 갖춰온 울릉도·독도는 오늘도 해류를 따라 울릉도·독도를 찾아오거나 울릉도·독도에 기대어 정착하여 살고 있는 해양 생물들에게 생명의 보금자리를 제공하고 있다.

한류와 난류가 교차하며 용승하는 울릉도·독도 바다

왜 울릉도·독도 주변 바다에 동해안 최대의 오징어 어장이 오랫동안 형성되었을까? 한번쯤은 가져 봄 직한 의문이다.

동해 오징어 어장 환경에 관한 다양한 연구 결과에서 알수 있듯이, 동해의 냉수대와 난수대가 만나는 수온 전선역에서 두 수괴(바닷물을 온도와 염분, 빛깔 따위의 특성에 따라 나눌 때 거의 성질이 균일한 바닷물 덩어리)가 모여듦에 따라 부유생물(플랑크톤)이 축적되어 오징어 유생의 밀도가 증가한다. 특히 수온 전선역이 동서 방향으로 형성될 때 수온 전선역의 냉수대 주변에 오징어 어군이 형성될 확률이 매우 높다.

인공위성으로 관측한 동해 표층 수온 분포에 따르면, 울릉도·독도 주변 바다에서 이러한 난수대와 냉수대가 수시로 교차하고 있어 오징어 어군 형성에 유리한 조건임을 보여준다. 물론 최근 들어 기후변화로 난수대가 북쪽으로 확장함에 따라 울릉도·독도 주변에 형성된 수온 전선역 또한 과거보다 차츰 북상하고 있는 것도 눈여겨볼 만하다.

울릉도·독도 주변 바다는 동해 남쪽에서 올라오는 따뜻한 대마난류에서 기원하는 동한난류와, 동해 북쪽의 러시아 주변 바다에서 형성되어 울릉도·독도로 내려오는 차가운 한류가 약 20~50일 주기로 변동하며 영향을 미치고 있다.

울릉도·독도에 영향을 미치는 난류는 북태평양의 쿠로시오에서 발달하여 동중국해와 제주도 주변과 대한해협을 거쳐 동해로 흘러드는 대마난류이다. 이 대마난류는 겨울철에는 표층 수온이 섭씨 13도 안팎의 물을, 여름철에는 표층 수온이 섭씨 25도 안팎의 물을 연평균 초당 약 257만 톤의 비율로 동해에 공급한다.

최근 울릉도·독도 주변 바다에는 예전 제주도 바다의 대표 어종이자 아열대성 어종인 자리돔이 토착종으로 자리 잡고 있다. 대마난류를 따라 자리돔이 울릉도·독도까지 이동하여

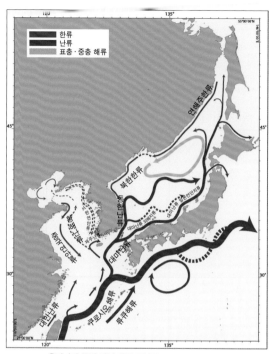

우리나라 주변 해역 해류 모식도(출처: 국립해양조사원)

울릉도·독도의 수중 암반 주변에 서식하는 것으로 밝혀졌다.

이렇듯 대한해협을 통과한 대마난류의 일부분은 한반도 동해 연안을 따라 북상하는 동한난류를 이루어 동해 북쪽에서 동해 연안을 따라 남하하는 북한한류를 만나 울릉도 쪽으로 방향을 바꾸면서 독도 주변 바다의 수심 50미터 안에 주로 영향을 미친다.

독도 주변에 영향을 미치는 한류는 겨울철에 러시아 인근 해역에서 주로 형성되어 동해 북부 해역을 가로질러 독도 바다로 흘러드는 해수이다. 수온이 섭씨 약 5도 미만인 이 해수는 독도 바다의 수심 약 150미터보다 깊은 곳에 주로 영향을 미치지만, 겨울철보다는 여름철에 더 영향이 강해지면서 때로 수심 50미터 근처에도 영향을 미치곤 한다.

울릉도·독도 주변 바다는 이처럼 난류와 한류가 교차하면서 변화무쌍한 해수의 흐름을 형성한다. 특히 울릉도·독도 주변의 해저지형적인 영향까지 겹치면서 울릉도를 중심으로 시계 방향으로 회전하는 지름 약 100~150킬로미터 규모의 난수성 소용돌이가 자주 발달한다.

이러한 소용돌이가 형성되면 보통 수심 100미터 근처에서 수온이 섭씨 10도인 해수가 소용돌이에 따라 활발하게 수직 혼합이 일어나 수심 300미터 근처에서 섭씨 10도로 나타나기도 한다. 흥미롭게도 이 소용돌이 주변에 어류의 먹이인 작은 부유생물이 모여드는 효과가 있어 오징어 어장이 형성되기에 유리하다.

독도 남쪽 해역에는 난류와 한류가 교차하면서 시계 반대 방향으로 회전하는 냉수성 소용돌이가 발달하기도 한다. 이 냉수성 소용돌이는 '독도 냉수성 소용돌이Dok cold eddy'라

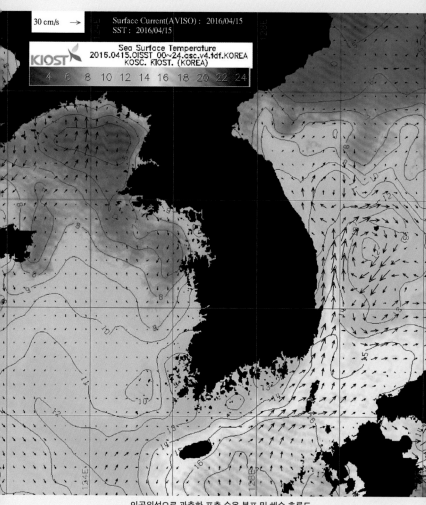

인공위성으로 관측한 표층 수온 분포 및 해수 흐름도
남쪽에서 따뜻한 물이 울릉도·독도 주변 바다로 이동하고 있다.(2016년 4월 15일)

는 이름으로 국제 학술지에 보고되었다. 이처럼 울릉도·독도 주변 바다는 소용돌이의 발달과 소용돌이 중심의 이동, 난류와 한류의 이동 경로, 흐름의 강함과 약함에 따라 바다의 변화가 무쌍해진다.

또한 울릉도·독도 주변 바다의 강한 표층 흐름은 울릉도·독도의 섬 지형에 부딪히면서 섬 주변에 바닷물의 용승(주로 바람에 따라 해안의 해수가 난바다(외해) 쪽으로 밀려갈 때 생긴 빈자리를 메우기 위해 저층수가 표층으로 올라오는 현상)을 일으킨다. 이러한 용승으로 영양염이 풍부한 표층 아래의 해수가 표층 가까이로 이동함으로써 섬 주변 연안에 영양염이 공급되어 식물플랑크톤이 증가한다.

이러한 현상은 표층의 흐름이 강해지는 가을철에 주로 발생하며, 특히 독도 연안에 발생하는 흐름을 '독도 효과 Dokdo effect'라고 한다. 섬 주변에서 흔히 발생하는 이러한 섬 효과는 독도를 해양생태계의 오아시스로 이끄는 중요한 역할을 하고 있다.

울릉도·독도 주변 바다의 강한 바람에 따라 일어나는 높은 파도도 이러한 섬 효과와 비슷한 현상을 보여준다. 한국해양과학기술원의 백승호·김윤배 박사팀은 2016년 5월 봄

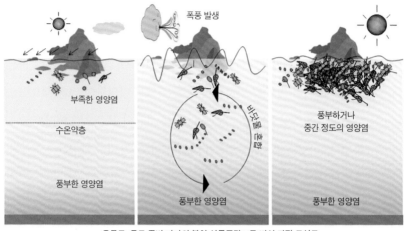

울릉도·독도 주변 바다의 봄철 식물플랑크톤 번성 과정 모식도
(백승호·이민지·김윤배, 2017, *Journal of Sea Research*)

철 폭풍 발생에 전후하여 울릉도·독도 주변 바다를 집중 조사했다. 이에 폭풍으로 해양의 상하층 혼합이 늘어남에 따라 저층의 풍부한 영양염이 상층에 공급되어 울릉도·독도 주변 바다에서 식물플랑크톤이 크게 번성한다는 사실을 밝혀냈다. 조사 결과에 따르면, 최대 약 9.0미터의 파고가 관측된 직후의 식물플랑크톤이 관측 직전의 식물플랑크톤보다 눈에 띄게 증가했다.

육지에도 길이 있듯이 바다에도 해류가 만든 길이 있다. 이 길을 따라 다양한 해양 생물이 울릉도·독도 주변 바다로 이동히어 살고 있다. 그리고 강한 표층 해류가 섬에 부딪히면서 영양염이 풍부한 표층 아래의 물이 표층으로 이동하면서 섬 연안의 해양생태계를 더욱 건강하게 한다.

때로 10미터 안팎을 넘나드는 높은 파도로 바닷물이 크게 뒤섞이면서 영양염이 풍부한 표층 아래의 물이 표층으로 이동된다. 이렇듯 울릉도·독도의 바람과 파도, 그리고 해류는 울릉도·독도 해양 생물과 서로 눈빛을 나누고 있다.

울릉도·독도 바다의 사계절

육지에도 사계절이 있듯이 울릉도·독도 바다에도 계절마다 수온의 분포가 다르게 나타난다. 2~3월의 울릉도·독도 주변 바다는 표층 수온이 섭씨 약 10도 이하로, 연중 가장 낮은 한겨울의 모습을 보여준다. 이 무렵 울릉도·독도는 강한 북서 계절풍의 영향으로 바닷물이 상하로 잘 혼합되어 때로 수심 150미터까지 수온이 거의 섭씨 10도로 일정하다.

독도의 겨울에 정착한 일부 어류는 차가운 수온에 적응하면서 바위틈에 몸을 감추지만, 흥미롭게도 물개와 물범 같은 해양 포유류는 3월을 중심으로 독도에서 자주 눈에 띈다.

울릉도·독도의 겨울 바다는 대황, 감태, 미역 같은 바닷말류가 무성하게 자라는 기간이기도 하다. 때로 파고 6~7미터를 넘나드는 높은 파도가 휘몰아쳐 바닷말류가 수중 암반에서 떨어져나가 독도 해안가에 자주 발견되기도 한다.

겨울철에 연중 가장 약하게 대한해협을 통과했지만 봄철로 접어들면서 세기가 점차 강해진 대마난류가 비교적 따뜻한 해수를 동해에 공급하면서 울릉도·독도 바다의 봄이 시작된다. 이 무렵에는 주로 2월 말부터 독도에 찾아오기 시작한 괭이갈매기가 주변을 쉼 없이 누빈다.

5월 초 즈음 울릉도·독도 주변 바다의 표층 수온은 섭씨 약 15도 안팎까지 상승한다. 따뜻한 대마난류를 타고 수온이 점차 높아지면서 겨울철에 보이지 않던 어류가 울릉도·독도에 모여들기 시작한다.

7~9월의 울릉도·독도 주변 바다는 표층 수온이 연중 가장 높은 섭씨 25도 안팎으로 바다의 여름 풍경을 보여준다. 수온이 상승하면서 미역과 같은 바닷말류의 엽상체(잎·줄기·뿌리의 구별이 없는 바닷말류에서 잎과 비슷하게 편평하여 잎과 같은 작용을 하는 기관)가 녹아 없어지고 줄기 일부만 드러내기도 한다.

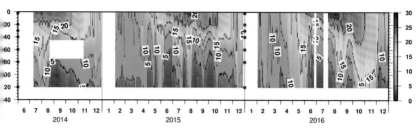

2014~2016년 동안의 수심별 수온 분포 | 독도 동쪽 3.2킬로미터 해상에 설치된 독도 해양 관측부이에서 관측한 것으로 수온 5도 단위로 변화를 표시했다.

따뜻한 대마난류를 따라 울릉도·독도로 거슬러 올라온 파랑돔, 줄도화돔과 같은 열대성 어류를 독도의 여름 바다에서 만날 수 있다. 독도 해역의 표층 수온은 최근 10년 동안 (2004~2013년) 섭씨 약 1.5도로 급속하게 오르고 있어 이러한 열대성·아열대성 어종을 여름철뿐만 아니라 다른 계절에도 자주 만날 것으로 보인다.

한편, 표층 아래로는 겨울철에 러시아 인근에서 형성된 차가운 물이 여름철에 울릉도·독도에 본격적인 영향을 미치기 시작해 때로는 수심 50미터 부근까지 수온이 섭씨 5도로 낮아지기도 한다.

10월 중순으로 접어들면서 대한해협을 거쳐 동해로 흘러 들어온 대마난류의 세기가 차츰 약해져 표층 수온이 섭씨 20도 이하로 떨어지면서 울릉도·독도 주변 바다의 가을이

독도 해양관측부이 | 독도 주변 바다의 수심별 수온과 해수 흐름 등을 실시간으로 관측한다.

본격적으로 시작된다. 표층 수온은 12월에 섭씨 약 13도 안팎으로 다시 낮아진다. 가을철에 접어들면서 여름철의 남풍 계열의 바람 대신 북풍 계열의 바람이 점차 강해지기 시작하면서 바닷물의 상하층 혼합이 활발해져 때로 수심 100미터 근처까지 표층과 수온 차가 거의 없이 수온이 수직적으로 일정해진다.

여름철에 수온이 높아지면서 따뜻한 해류를 따라 울릉도·독도 바다로 거슬러 올라온 제주도의 토착종이자 아열대성 어종 자리돔은 어떨까? 가을이 깊어짐에 따라 차가워진 수온을 피해 해류를 거슬러 다시 제주도로 돌아갈까?

독도 해역에서의 최근 연구 결과에 따르면, 이 아열대성 어류는 수온이 차가워지는 늦가을이나 겨울철에 독도를 떠나지 않는 것으로 드러났다. 물론 따뜻한 지역으로 무리 지어 이동하는 회유성 어종도 있지만, 자리돔 같은 어류는 수중 암초 주변에서 주로 서식하는 습성이 있다.

이 어종은 울릉도·독도의 바위틈에 최소한의 움직임을 유지하면서 다시 따뜻해지는 울릉도·독도의 여름 바다를 기다리는 것으로 밝혀졌다. 아마도 최근의 기후변화로 크게 길어진 울릉도·독도 바다의 여름 기간도 이에 기여했을 것으로 짐작된다. 그렇게 울릉도·독도 해양 생물은 겨울을 맞이하면서 다시 따뜻한 봄을 기다린다.

급변하는 울릉도·독도 바다 환경

지난 100년간 한반도와 일본 주변 바다에서 가장 높은 표층 수온 상승률을 보인 바다는 어디일까? 놀랍게도 울릉도·독도 주변 바다였다. 2018년 일본 기상청의 한반도와 일본 주변 바다의 표층 수온 상승률 분석 자료에 따르면, 울릉도·독도 주변 바다를 포함한 동해 중부 바다의 수온이 지난 100년간 섭씨 1.71도 상승했다.

이러한 상승률은 한반도와 일본 주변 바다의 평균 상승률인 섭씨 1.11도보다 매우 높은 수치이며, 특히 울릉도·독도 주변 바다의 상승률이 가장 높았다.

울릉도·독도 주변 바다의 이례적인 표층 수온 상승은 국내의 다양한 연구기관에서도 유사하게 보고되고 있다. 국립해양조사원에서 28년간(1989~2016년) 우리나라 연안의 해수면 상승 속도를 분석한 결과에 따르면, 울릉도는 1년에 5.79밀리미터의 상승률을 보였다. 이러한 상승률은 우리나라 평균 상승률(1년에 2.96밀리미터)보다 2배 가까이 높은 수치이며, 제주도(1년에 6.16밀리미터) 다음으로 높다.

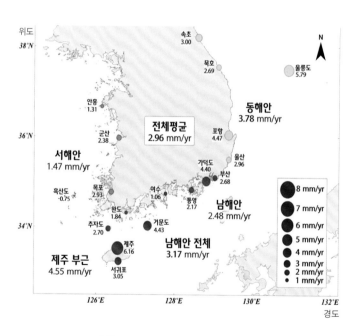

28년간(1983~2016년) 우리나라 주변의 해수면 상승 현황

(출처: 국립해양조사원)

특히, 해수면 상승의 가속화 정도는 우리나라에서 울릉도가 가장 빠른 것으로 나타났다. 일반적으로 수온이 증가하면 열팽창에 따라 해수면이 상승하므로, 울릉도·독도 주변 바다의 수온이 급격하게 상승하면서 해수면 또한 가파르게 상승하는 것으로 볼 수 있다.

국립해양조사원에서는 1965년부터 울릉도 저동항에 조위관측소를 운영하면서 해수면의 높이와 함께 표층 수온을 매일 측정하고 있다. 저동항 조위관측소의 표층 수온 자료를 분석한 결과에 따르면, 바다의 여름이랄 수 있는 수온 섭씨 20도 이상의 날수가 1960년대 중반에 약 77일이었던 반면 최근에는 약 124일로, 지난 50년 동안 약 47일 정도 늘어났다. 울릉도 바다의 여름이 지난 50년 동안 한 달 반 가까이 늘어난 셈이다.

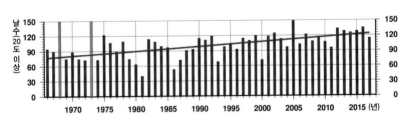

연별 표층 수온 섭씨 20도 이상이 관측된 날수 | 국립해양조사원 울릉도 조위관측소에서 1966~2017년까지 관측한 것으로, 날수가 점차 증가하는 추세이다.

이러한 표층 수온의 상승은 예전 제주도 바다의 대표적인 어종이며 아열대성 어종인 자리돔이 울릉도·독도의 토착종으로 자리 잡는 환경을 제공하고 있다.

이처럼 바다의 여름 기간이 길어진 것뿐만 아니라 지난 2016년 8월에는 1965년 8월 울릉도 조위관측소에서 관측을 시작한 이래 가장 높은 표층 수온인 섭씨 29.0도를 나타내는 등, 최근에 수온 관측 기록을 새롭게 갈아치우고 있다.

울릉도·독도 주변 바다의 변화는 표층 수온뿐만 아니라 해양 기상에서도 변화가 감지되고 있다. 기상청에서는 해상에서 시간당 14미터 이상의 바람이 3시간 이상 계속되거나 유의파고(관측된 파고 중에서 높은 값 3분의 1을 평균한 파고)가 3미터 이상이 예상될 때 풍랑 특보를 발령한다.

지난 1999년부터 2017년까지 울릉도·독도를 포함한 동해 중부 먼바다에 대한 기상청의 연평균 풍랑 특보 발령 기간은 68.3일이었다. 월별로는 6월이 1.2일로 가장 적었고, 12월이 10.9일로 가장 많았다. 지난 19년간(1999~2017년) 가장 많이 풍랑 특보가 발령되었던 해는 2002년으로 94.7일이었으며, 다음으로 2017년(88.8일)이었다.

특히 주목할 점은 2003~2009년에는 연간 풍랑 특보 발령일이 44~70일이었던 반면, 2010년 이후에는 64~89일로 크게 늘어나고 있다.

이러한 증가는 겨울철에 집중되어 있다. 2017년 2월은 풍랑 특보 발령일이 12.2일로, 2월 풍랑 특보로는 1999년 이후 가장 많은 수치였다. 최근 들어 겨울철에 울릉도·독도 주변 바다를 중심으로 한 풍랑 특보가 늘어난 것은 북극 지방의 기후변화와 관련한 대기 변동에 따른 영향으로 판단하고 있다.

우리나라와 같은 중위도 지방은 이른바 북극 진동(북극에 존재하는 찬 공기의 소용돌이가 수십 일 또는 수십 년을 주기로 강약을 되풀이하는 현상)이라는 대기 변동에 직·간접적으로 영향을 받는다. 최근 전 지구 기후변화의 영향으로 겨울철에 북극 주변을 순환하면서 남쪽으로 내려가는 찬 공기를 막는 대기의 흐름(제트기류라고 한다)이 약해지면서 한반도 주변 바다로 찬 공기가 크게 밀고 내려와 자주 해상 기상 악화에 영향을 미치는 것으로 보인다.

이렇듯 울릉도·독도 주변 바다에서 발생하는 높은 파도와 강한 바람의 잦은 풍랑 특보 발령은 울릉도·독도 주변 바다의 수중 암반에 부착하여 서식하는 다양한 해양 생물의 환

독도 주변의 해양 환경 변화를 조사하고 있는 한국해양과학기술원 연구원들

경에도 크게 영향을 미치고 있다. 때로 연안의 바닷말류를 뿌리째 뽑기도 하지만, 반면에 강한 파도는 대기 중의 산소를 바닷속 깊은 곳까지 전달하는 매개체 역할도 한다. 또한 강한 바람으로 해수가 크게 뒤섞여 영양염이 풍부한 표층 아래의 해수가 표층으로 전달됨으로써 영양염이 풍부해지고, 그에 따라 식물플랑크톤이 증가하기도 한다.

울릉도·독도 주변 바다는 지금 우리나라에서 가장 급격한 해양 환경 변화에 직면하고 있다. 표층 수온이 가장 가파르게 상승하고 있으며, 바다의 여름 기간도 계속 길어지고 있다. 해양 생물에 때로는 긍정적으로, 때로는 부정적으로 영향을 미치는 해양 기상 악화 또한 예전과 다르게 늘어나고 있다.

표층 수온이 상승하고, 바다의 여름 기간이 늘어남에 따라 해양 환경이 아열대성이나 열대성으로 바뀌게 된다. 이에 따라 주요 어장의 변화, 먹이 생물의 변화에 따른 어류 성장률의 변화, 어류 산란 패턴의 변화 등 다양한 변화를 예측할 수 있다.

울릉도·독도 주변 바다는 한반도 해양 환경의 변화를 가장 잘 감시할 수 있는 최적의 장소이기에 그 어느 곳보다 적극적인 관심이 필요하다.

02

울릉도·독도 바다를
유영하는 생물

울릉도 100년의 먹거리, 오징어

울릉도 오징어는 울릉도 수산물 판매액의 96퍼센트를 차지할 정도로 울릉도의 절대적인 수산물이며, 1902년 무렵 울릉도에서 오징어 조업을 시작한 이래로 울릉도 100여 년의 근현대사를 상징하는 대표적인 명물이다. 또한 울릉도 오징어는 울릉도 인구 변화의 척도이기도 하다.

1910년대 울릉도에 오징어 조업이 번창하자 일본인들의 울릉도 이주가 본격화되었으나 1930년대 오징어 조업이 쇠퇴기를 맞이하면서 일본인들이 물밀듯이 울릉도를 떠났다.

이후 1970~1980년대 오징어 조업과 함께 명태 조업이 번창하면서 울릉도 인구는 1974년 2만 9810명에 이르렀다.

1970년대 후반, 울릉도 전체 인구 중 64퍼센트가 수산업에 종사했으니 학생과 일부 주민을 제외하고 거의 대다수가 오징어 조업에 종사했다고 해도 과언이 아니다.

당시 한 어선에 20~30명의 선원이 얼레를 직접 돌리며 오징어를 잡아 올렸다. 이후 자동 조상기(일정한 간격(약 50cm)으로 낚시(50~60개)를 연결하여 얼레를 기계로 감거나 내리는 일을 되풀이하여 오징어를 잡는 자동 어구)의 도입으로 오징어 조업의 자동화, 1990년대 중반을 기점으로 오징어 어획량의 지속적인 감소와 이에 따른 소득 감소로 어민들이 어업을 포기하고 다른 지역으로 이주하면서 현재 울릉도 인구는 1만 명

1980년대 울릉도 저동항에 정박 중인 울릉도 오징어 어선

안팎의 수준으로 감소했다. 2013년 기준으로 울릉도에서
수산업에 종사하는 인구는 전체 인구의 14퍼센트 정도로 나
타났다.

　울릉도 오징어 어획량은 1950년대 연간 4000톤 안팎으로
풍어기와 흉어기를 거듭했다. 1980년대 후반에 들어서면서
점차 증가하다가 1993년에 1만 4414톤으로 최대 어획량을
기록했고, 이후 점차 감소 추세를 보였다. 2016년 986톤,
2017년 981톤으로 1990년대 후반의 10분의 1 수준으로 크
게 감소했다. 최근의 1천 톤 미만의 어획량은 울릉도에서

울릉도 주변의 오징어 집어등 불빛

1902년 무렵 오징어 조업을 시작한 이래로 가장 적은 어획량이라 할 수 있다.

이렇듯 최근의 어획량 급감은 기후변화로 울릉도 주변에 형성되었던 오징어 어군의 먼바다 이동과 함께 2004년 이후 동해 북측 어장에 대한 '북·중 공동어로협약'에 따른 연간 10만 톤 안팎의 중국 어선의 쌍끌이 조업 영향이 매우 크다.

또한 불법 조업에 따른 오징어 남획과 최근 오징어 조업기(9~12월)의 해상 기상 악화로 오징어 조업 날수의 감소, 오징어 어획량의 지속적 감소에 맞물려 어업인의 감소와 어

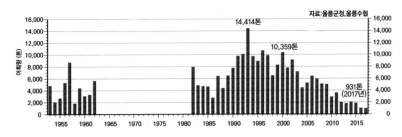

자료:울릉군청,울릉수협

울릉도 오징어 어획량 변동(1953~2017년) | 2000년대 이후 오징어 어획량이 급감하고 있다.

선 수의 감척 등이 복합적으로 영향을 미치고 있다.

울릉도 오징어의 주 어종인 살오징어는 단년생이며 회유하는 특징이 있다. 주로 가을철에 동중국해와 동해의 일본쪽 연안에서 산란한 뒤에 대마난류를 타고 동해로 들어와 성장하며, 산란 시기 무렵에 다시 산란장으로 되돌아가 산란한 뒤 일생을 마친다. 오징어는 주로 낮에는 100~200미터 층에서 분포하고, 밤에는 먹이를 따라 수직 이동하여 표층 근처에서부터 약 50미터 층에 머무는 습성이 있다.

살오징어는 수온 섭씨 5~27도의 광범위한 수온대에 걸쳐 서식하지만 섭씨 12~18도가 어군 형성 수온대로 알려졌다. 오징어 어군 분포와 어획량은 한류와 난류의 교차에 따른 수온 전선의 위치(남북 방향보다는 동서 방향 전선이 어군 밀집에 유리), 수심에 따라 수온이 급격히 변화하는 수심대인 수온약층의 깊이 등 해양 환경에 크게 민감한 것으로 보고되고 있다.

특히 최근에는 울릉도 주변에서 자주 형성되는 난수성 소용돌이의 중심부보다는 소용돌이 가장자리에서 어장이 주로 형성되는 것으로 추정하고 있다. 즉, 수심 50미터 층의 수온이 섭씨 약 12~18도를 나타내면서 수온약층이 형성되고, 아울러 동서 방향으로 형성된 수온 전선역이 좋은 어장 조건이라 할 수 있다.

2000년대 무렵에는 이러한 수온 전선역이 대체로 울릉도·독도 주변에 형성되어 훌륭한 오징어 어장으로 주목받았다. 그러나 최근 전 지구 해양 환경 변화와 관련하여 남쪽으로부터 따뜻한 해류의 세력이 점차 강해지면서 연중 오징어 조업이 가장 왕성한 9~10월에 울릉도 주변에 형성되었던 수온 전선역이 대화퇴 인근 해역 등 울릉도 먼바다로 크게 북상하고 있다.

늦가을이 지나면 남쪽으로부터 따뜻한 해류가 차츰 약해져 다시 울릉도 주변에 어장이 형성되지만, 이 시기에는 잦은 해상 기상 악화로 바다로 나가는 어선의 날수가 줄어들어 오징어 어획량에 큰 영향을 미치고 있다.

울릉도 연안에 피항 중인 중국 어선(2013년 11월 28일 촬영)

동해 해양 환경 변화로 오징어의 산란 특성은 물론, 오징어의 이동 경로, 오징어 어장 분포 등에도 다양한 변화가 예측되고 있다. 최근의 기후변화와 오징어의 생태 특성을 고려한, 오징어 어장 분포에 관한 좀 더 활발한 연구가 필요하다.

지금 울릉도 어민들은 중국 어선의 쌍끌이 조업, 풍랑 특보 날수 증가, 수온 상승, 어업인 고령화, 울릉도 먼바다에 어장 형성이라는 5중고에 시달리고 있다. 어업인의 경험과 과학기술을 접목한 어업 기술의 개선이 무엇보다 필요하다. 또한 울릉도 오징어와 산나물, 해양 심층수를 접목한 오징어 명품화 방안도 필요하다. 울릉도 100년 역사의 꽃인 오징어가 지금 새로운 갈림길에 놓여 있다.

울릉도·독도의 잃어버린 해양 생물, 바다사자

독도에 바다사자, 흔히 '강치'로 알려진 해양 생물이 서식했다는 사실을 모르는 우리나라 국민은 아마 없을 것이다. 바다사자는 우리에게 많이 친숙한 물개보다 몸집이 더 크고, 귀와 꼬리 모양에서 형태적으로 차이가 있으며, 분류학적으로도 다른 체계에 속하는 해양 포유류이다. 생물학적으로는 식육목 기각아목 바다사자과 바다사자속에 속한다.

독도에 살던 바다사자의 학명은 *Zalophus japonicus*(영문명은 Japanese Sea Lion)로, 캘리포니아 해안에서 쉽게 볼 수 있는 캘리포니아바다사자(*Zalophus californianus*)와는 다른

미국 캘리포니아 해안에서 비교적 흔히 볼 수 있는 바다사자 무리 | 학술적으로 캘리포니아 바다사자로 불리는데 2003년 이전에는 독도바다사자와 같은 종으로 여겨질 정도로 유전적 유사성이 높아서 독도바다사자의 서식처 복원을 위한 연구 대상으로 여기기도 했다.

종이다. 분류학적으로 바다사자속屬에 독도바다사자, 캘리포니아바다사자, 갈라파고스바다사자가 속하는데 2003년 이전에는 독도바다사자와 갈라파고스바다사자를 캘리포니아바다사자의 아종으로 구분했을 만큼 유사한 종이다. 독도에 살던 바다사자는 캘리포니아바다사자보다 몸집이 더 컸을 것으로 짐작된다.

독도에 살던 바다사자의 학명이 일본바다사자를 뜻하는 *Zalophus japonicus*인 까닭은 동물분류학적 차원에서 종을 처음으로 명명한 학자에 따라 학명이 결정되었기 때문이다. *Zalophus japonicus*라는 학명은 독일의 자연사학자이면서 탐험가인 빌헬름 페터스(Wilhelm Karl Hartwich Peters, 1815~1883)가 1866년에 명명한 이름에서 유래했다.

최근 들어 일본과 우리나라 연안에서 간혹 발견되어 독도 바다사자로 오인되는 큰바다사자(Eumetopias jubatus)는 바다 사자아과에 속하는 다른 종으로, 물개과 중에서 가장 덩치가 크다.

흥미롭게도 조선시대의 문헌에는 울릉도에 서식했던 바다사자를 유추해볼 수 있는 기록들이 많다. 『조선왕조실록』에 강원도 관찰사 심진현이 울릉도의 수토(搜討, 무엇을 알아내기 위해 조사함) 결과를 장계한 기사(정조 18년(1794) 6월 3일)에 가지可支에 관한 이야기가 실려 있다.

(4월) 26일에 가지도可支島로 가니, 네댓 마리의 가지어可支魚가 놀라서 뛰쳐나오는데, 모양은 무소(水牛)와 같았고, 포수들이 일제히 포를 쏘아 두 마리를 잡았습니다.

또 조선 후기의 문신 신경준(1712~1781)이 지은 조선시대의 역사지리서 『강계고疆界考』(1756)에도 "바닷속에 소처럼 생긴 짐승이 있는데, 떼를 지어 바닷가 언덕에 나와 누웠다가 혼자 가는 사람을 보면 해하고, 많은 사람을 만나면 달아나 물속으로 들어가는데, 이를 가지可支라 한다"라는 내용이 있다.

1882년 울릉도에 다녀간 검찰사 이규원은 『울릉도검찰일기』(1882년)에서 "울릉도 각 포구의 해안에는 아홉 개의 굴이 있는데 해구海狗와 해우海牛가 새끼를 낳아 길렀다"라고 기록하고 있다.

이렇듯 우리나라 동해안을 비롯해 일본 본토의 해안에도 바다사자가 많이 서식했다는 기록이 남아 있다. 사람들은 바다사자의 가죽과 기름을 사용하기 위해 바다사자를 포획했고, 그 결과 그 수가 점차 줄어들었다. 1920년대 이르러 사람의 손길이 미치기 힘든 섬 지역을 제외하고는 포획하기 힘든 수준이 되었다. 그 마지막 풍요로운 서식지가 독도였다.

1905년 일본이 독도를 편입하고, 이듬해인 1906년에 독도를 시찰하면서 기록한 자료에는 독도바다사자에 관한 내용이 상세하게 실려 있다. 그 시대의 자료에는 독도에 바다사자가 1만에서 수만 마리까지 서식한다고 기록되어 있다. 그 많은 바다사자는 모두 어디로 갔을까?

일본의 잔인하고 무분별한 포획은 1905년 6월 나카이 요

자부로中井養三郎가 바다사자 포획 기업인 '다케시마 어렵합자회사'를 설립하면서부터이다. 독도를 제 나라의 영토에 포함시키자마자 회사를 세우고 바다사자를 독점하기 시작한 일본의 기록에 따르면, 회사 설립 이전인 1904년부터 이후 1913년까지 10년간 1만 4천여 마리를 포획했다. 그 이후로 포획 개체 수가 급격하게 줄어들어 연간 100~400마리였고, 1933~1941년까지 연간 16~49마리를 잡은 것으로 기록하고 있다.

광복 후인 1950년대 초반에도 여전히 아주 적은 개체 수

독도에서 포획한 바다사자를 나무상자에 넣고 있는 일본 오키섬 주민들 | 처음에는 바다사자를 잡아 가죽과 기름을 주로 이용하다가 1930년대 이후에는 구경거리로 가치가 커지자 서커스와 동물원 등에 팔았다고 한다.(1934년 기록 사진)

이지만 독도에 바다사자가 서식하고 있었다. 이후 울릉도 주민들은 바다사자를 간혹 보긴 했지만 1975년 마지막 목격담을 끝으로 더 이상 보았다는 기록이 없다.

IUCN(국제자연보호연맹)의 멸종 위기에 처한 동식물 보고서 「적색 목록Red list」에 따르면 환동해 바다에 살던 바다사자를 1994년부터 멸종동물로 분류하고 있다.

이제 더 이상 독도 바다에서 서식하던 바다사자를 볼 수 없다. 일본에 남아 있는 몇몇 박제와 바다사자 가죽으로 만든 가방으로만 만날 수 있다.

일본 어부들에게 공포의 대상이었다고 전하는 '리앙쿠르트(프랑스 선박의 이름을 따서 붙인 독도의 또 다른 이름) 대왕'이라고 불리던 몸길이 2.88미터, 몸둘레 3.1미터, 추정 몸무게 750킬로그램이 넘는 세계 최대급 바다사자는 결국 1931년에 포획되었고, 지금은 시마네현 깊은 산속의 산베자연박물관에 박제로 전시되어 있다.

2015년 2월, 우리 독도를 터전으로 삼아 살던 우리 바다사자를 만나러 산베자연박물관을 찾았다. 폭설로 통행이 어려웠던 그날, 그토록 힘들게 찾아간 깊은 산중의 박물관, 그것도 가장 외진 건물 끝 모퉁이에서 독도바다사자의 박제를

'리앙쿠르트 대왕'이라고 불리던 독도바다사자 박제 | 현재 일본 시마네현 산베자연박물관
에 전시되어 있다.

보는 순간 너무나 미안하고 서글펐다. 박제된 몸통 몇 군데
에 총알구멍이 그대로 남아 있었으며, 박제로 제작할 때 절
개했을 것으로 보이는 목 아래에서 배까지 길게 꿰맨 흉터
자국에 더욱더 가슴 아팠다.

오키제도 도고섬에 있는 세계지질공원 전시장에는 독도바
다사자 가죽으로 만든 가방과 어금니로 만든 반지가 전시되
어 있다. 국제박람회에 출품하여 상까지 받았다는 자랑스러
운 설명도 곁들어 있었다.

더욱더 어이없고 충격적인 사실은 오키섬의 서점과 산베
자연박물관에서 보았던 독도바다사자를 다룬 그림 동화책

이다. 제목은『강치가 살던 섬 – 말로 전

해져 온 풍요의 섬 다케시마』였다. 대강

의 내용은, 예전에는 독도의 풍요로운

해산물과 바다사자를 어부들이 잡아서

좋은 시절을 보냈으며, 아이들은 바다

사자와 함께 수영하며 놀았는데, 한국

이 불법 점령하여 이제는 더 이상 해

독도바다사자를 다룬 일본 동화책

산물을 잡을 수도, 바다사자를 볼 수도 없다는 내용이었다.

자신들이 멸종시킨 바다사자에 대한 행위는 전혀 언급하지

독도에 나타난 물개 | 주로 봄철에 물개와 물범 등이 독도에 가끔 나타난다. (2009년 4월 17일 촬영)

않는 낯 뜨거운 동화책이었다. 불리한 내용은 감추고 불편한 내용만 내세운 역사 왜곡 수준의 책이다.

일본 오키섬을 세 번이나 다녀왔지만, 이해되지 않는 점이 있다. 오키섬 어디를 가나 울창하고 오래된 삼나무 숲이 지천인데, 왜 울릉도에 와서 삼나무를 베어 갔을까? 내 땅이 아니었기 때문일 것이다. 독도의 바다사자도 그런 생각으로 대했으리라.

자원 보존에 지극정성인 일본인들이 바다사자가 멸종될 때까지 극악스럽게 포획한 이유는 무엇일까? 제 나라 땅이 아니라고 여겼기 때문은 아니었을까? 언젠가 그들을 만나면 그 이유를 꼭 듣고 싶다.

지금도 독도 조사에 나설 때마다 많은 바위섬으로 어우러진 풍경을 보면서, 백 년도 지나지 않은 그 시절에 수많은 바다사자가 이 바위 저 바위에서 소리를 내며 살아갔을 모습을 상상한다. 이제 고요함으로 가득하고, 허전함이 묻어나는 그 바위들을 보면 너무나 아쉽고 속상하고, 미안함에 가슴이 저며온다.

독도 바다의 터줏대감, 혹돔

터줏대감은 사전의 뜻풀이에 따르면, "집단 구성원 가운데 가장 오래된 사람, 또는 그 집(집터)을 지키는 지신地神을 높여 이르는 말"이다. 과연 독도 바다의 터줏대감은 누구일까?

동해에 난류가 흘러들기 시작한 이래로 독도 연안에는 저수온기의 온대성·한대성 생물과 고수온기에 난류를 따라 여름·가을에 독도 바다에 미터급 부시리와 방어 등이 몰려오기도 하지만, 연중 울릉도·독도 주변 바다에는 몸집이 큰 혹돔(*Semicossyphus reticulatus*)이 서식하고 있다.

방어류, 참치류, 쥐치류, 돌돔 들은 일정한 계절에만 나타나는 해양 생물이다. 이렇듯 계절별로 다양한 어종이 나타났다가 사라지기를 반복하는 연안 생태의 특성을 감안하면 독도 바다의 터줏대감은 아무래도 온대성 어종이 그 대상이 아닐까 싶다. 이런 관점에서 독도 연안에 서식하거나 나타나는 어종을 하나씩 짚어 보면, 역시 몸집이 크고 위엄이 있으면서도 연중 독도를 떠나지 않는 어종이 터줏대감으로 가장 어울리지 않을까.

독도 바다에 연중 서식하면서 흔히 보이는 어종으로 쥐노래미·노래미와 조피볼락·도화볼락 등 볼락류, 바위틈에 사는 별망둑, 그물베도라치, 중층과 저층을 오가는 자리돔과 인상어·망상어 무리를 들 수 있다.

이 가운데 몸집이 대략 90센티미터에 이르고, 바위굴과 바위 아래 틈에 자신의 휴식자리를 지키면서 낮 동안 독도 연안을 어슬렁거리며 돌아다니는 혹돔이 몸집과 텃세 등의 형태·생태학적 특성으로 볼 때 독도의 터줏대감이라 할 만하다.

혹돔이란 '머리에 커다란 혹이 난 물고기로, 생김새가 크고 돔과 같은 위엄을 보인다' 하여 붙인 이름이다. 남해안에서는 혹돔을 '웽이'라 하며 맛이 떨어지는 물고기로 여겼다.

독도 연안의 어린 혹돔

독도 서도 연안에서 확인한 어린 혹돔(2016년 10월에 촬영)

우리나라 바다에 사는 도미과, 갈돔과, 돌돔과 등 '돔' 종류는 대부분 몸의 형태가 좌우로 납작한 타원형이며, 날카로운 가시에 지느러미가 균형 잡힌 맛있는 수산어종이다. 이런 돔의 의미에서 보면 혹돔은 덩치만 컸지, 몸의 형태는 좌우로 납작하긴 해도 돔과 달리 긴 타원형으로 통통하다. 또한 여느 돔 종류처럼 맛이 좋지 않은 점 등에서 차이가 있다.

남해안에서 '술뱅이', 제주도에서는 '어랭이' 등의 이름으로 불리는 혹돔은 분류학적으로 놀래기과에 속하는 어종이다. 우리나라 연안의 놀래기류는 대개 크기가 20센티미터 안팎의 소형이지만 혹돔은 크기가 최대 1미터에 이르는 대형이다. 혹돔은 따뜻한 바다를 좋아하는 아열대종으로 우리나라에는 제주도, 남해안, 동해, 울릉도·독도 바다에 서식한다.

혹돔은 성장하면서 형태 변화가 일어난다. 몸길이 20센티미터 안팎까지는 긴 원통형 옆면(체측) 가운데 흰색 줄이 눈 뒤에서 꼬리자루까지 이어져 있고, 등지느러미와 뒷지느러미 끝 쪽에 커다란 검은색 반점이 있다. 이 두 지느러미와 검은색 꼬리지느러미의 가장자리는 흰색을 띤다.

이 흰색 줄과 검은색 반점이 성장하면서 모두 사라지고 몸

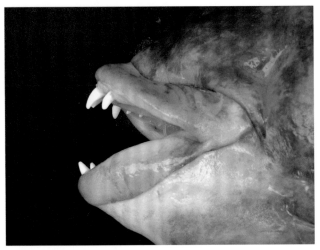

흑돔의 강한 이빨 | 소라와 전복을 부수어 먹기에 알맞다.

이 전체적으로 붉은빛을 띤 자주색, 적갈색 등으로 변한다. 또 수컷은 이마에 사과만 한 혹이 생긴다. 다 자란 흑돔은 위아래 턱이 튼튼하며, 굵고 강한 송곳니로 소라와 고둥을 부수어 먹는다. 여느 놀래기류와 마찬가지로 낮에 활동하다가 밤이면 바위틈이나 굴속에서 잠을 자는 습성이 있다.

울릉도·독도 바다에 서식하는 흑돔은 수중에서 사람을 만나면 경계하여 사진 찍을 거리를 좀처럼 내주지 않는다. 가까이 다가가면 슬슬 눈치를 보면서 조금씩 더 멀어진다. 그러나 이런 흑돔도 꾸준한 훈련(수중에서 먹이 주기) 결과 수중

다이버들과 친해진 사례도 있다. 일본 니가타현의 사도섬 혹돔마을 앞바다에는 혹돔과 사람이 매우 가까이 헤엄치거나 고둥 등을 주면 다가와서 받아먹을 정도로 친하다.

독도에서 대형 혹돔을 만나는 일은 그리 어렵지 않다. 그만큼 대형 혹돔이 많이 서식한다는 뜻이다. 1990년대 후반부터 2008년까지 필자는, 독도 주변에 80센티미터가 넘는 대형 혹돔이 상당수 살고 있고 이들이 밤이 되면 섬 근처의 바위 아래나 동굴 속으로 들어가 휴식을 취하는 것을 관찰하기도 했다.

독도 서도 주민 숙소 앞 수중 동굴 | 밤이면 혹돔들이 혹돔굴로 찾아와 휴식을 취한다.

독도 서도 주민 숙소 앞 암초의 서쪽으로 수심 15미터에 입구가 있는 굴속에 밤이 되면 60센티미터 안팎의 혹돔들이 머물면서 휴식을 취해 '혹돔굴'이라 불린다. 그 밖에도 독도 동도 독립문바위, 동도 북쪽의 큰가제바위 등에도 혹돔의 휴식처가 발견되었다.

연중 독도를 떠나지 않고 독도의 바다를 지키는 혹돔은 독도 바다의 터줏대감으로 전혀 손색이 없다.

크리스마스 전후로 가장 맛이 드는
여름철 대표 어종, 방어

　　울릉도 도동의 산기슭에는 1997년 8월, 우리나라 최초의 영토박물관으로 개관한 독도박물관이 자리 잡고 있다. 독도박물관은 서지학자 고故 이종학 선생(1927~2002)이 일본을 50여 차례 방문하여 방대한 한일 관계사와 독도 관련 자료를 수집하고 집대성하여 건립한 박물관으로, 초대 관장을 맡기도 했다. "한 줌 재 되어도 우리 땅 독도 지킬 터"라는 유훈을 남긴 이종학 선생은 방어에 얽힌 일화에서 선생의 독도 사랑을 보여주셨다.

　　2001년 11월 무렵, 선생은 울릉도 저동 어판장에 가셨다가 방어 한 무더기가 있는 것을 보시고, 어부가 독도 근해에서 집아 왔다고 하자 이 방어들을 몽땅 구입했다 한다. 이 방어들을 모두 염장한 후에 말려 독도 소주와 함께 청와대, 국회 등 각계각층에 '독도방어'라는 이름으로 보냈다고 한다. 이 방어에는 선생의 독도 사랑의 깊은 마음이 담겨 있었다.

방어(*Seriola quinqueradiata*)는 우리나라 동해에 나타나는 대표 어종이라 할 수 있다. 방어는 전형적인 방추형 몸매로 수중에서 고속으로 질주한다. 독도 수중에서도 시속 30~40킬로미터로 헤엄치는 방어 떼를 종종 만난다.

방어는 상·하엽이 깊게 갈라진 꼬리지느러미가 화려한 노란색을 띠고 있어 영어권에선 'yellow tail(노랑꼬리)'이라 부른다. 방어의 이름은 크기와 지역에 따라 다른데 부산·경남 지방에서는 '히라스' 또는 팔뚝만 한 방어는 '야도', 큰 것은 '부리(일본 이름)'라고 부르기도 한다. 히라스는 방어과에 속하는 부시리의 일본 이름(히라마사)과 혼동하여 굳어버린 지역 이름이다. 아무튼 방어류는 여름이면 울릉도·독도는 물론 동해 연안에 대량으로 나타나는 표층 회유성 어종이다.

방어는 몸길이가 1미터 안팎으로 등은 녹색, 배는 은백색이다. 방어 어린 물고기는 5월 남해안의 수면에 떠다니는 모자반 아래 모여서 성장한다. 여름에 연안에서 성장하다가

떠다니는 모자반 아래의 어린 방어 | 어린 방어는 이곳에서 일시적으로 성장하는데, 이때는 몸에 연한 막대 모양의 줄무늬가 있다.

수온이 섭씨 10도 이하로 내려가는 겨울에는 따뜻한 남쪽으로 이동한다. 우리나라, 일본, 대만 등지에 서식하며 대서양에서도 볼 수 있다.

부시리(*Seriola lalandi*)는 방어와 닮았지만 방어보다는 좌우로 좀 더 납작하고 몸 옆면 가운데 노란색 띠가 선명한 편이다. 두 종을 구별하는 분류 형질은 위턱의 뒤쪽 가장자리 형태이다. 부시리는 위턱 뒤 가장자리가 둥근 반면, 방어의 위턱 가장자리는 직각이다. 몸길이는 1미터 안팎이 흔하지만 최대 2.5미터까지 성장한다. 부시리는 표층 회유성 어류로 알려졌지만 수심 800미터까지 들어갈 때도 있다. 식성은 방이와 비슷히게 고등어, 전갱이 등 작은 어류와 오징어, 새우 등을 먹는다.

잿방어(*Seriola dumerili*)는 앞의 두 종보다 더 따뜻한 남쪽 바다에 서식한다. 이 종은 어릴 때 눈을 가로지르는 갈색 선이 뚜렷해 앞의 두 종과 구별되며, 어미로 자라도 등이 자줏빛을 띠고 몸높이(체고)가 두 종보다 높다. 등이 녹색에 날씬한 방어나 부시리와는 몸 색깔로도 쉽게 구별할 수 있다. 잿방어는 우리나라, 일본, 대만은 물론 하와이, 미크로네시아, 멕시코 대서양 연안, 캐리비언해 등지에도 널리 서식한다.

날쌘돌이 가족인 방어, 부시리, 잿방어는 따뜻한 난류를 타고 돌아다니는데 여름철이면 어김없이 동해로 들어와 울릉도·독도 바다에 떼를 지어 나타난다.

울릉도 연안에서 아침 일찍 양쪽으로 V자 형 대나무를 길게 펼친 채 연안을 따라 천천히 돌아다니는 어선은 방어와 부시리를 잡는 어선이다. 뒤쪽에 커다란 낚싯대에 손바닥 정도 크기의 플라스틱(가짜 미끼 루어의 일종)을 끌고 천천히 달리면 빠른 속도로 방어가 따라와 물고 늘어진다.

특히 표층에 전갱이와 고등어 떼가 몰려 있는 곳에서 가짜 미끼를 끌고 다니면 쉽게 물고 늘어지는 종이 이들이다.

어선들은 멸치와 전갱이 등 작은 물고기들이 수면으로 튀어 오르는 곳으로 이동하면서 방어와 부시리를 잡아 올린다.

최근에는 루어를 사용해 바닥에서 잡아 올리는 지깅 낚시 대상어로도 인기가 높다. 여름철에 울릉도·독도 주변 바다로 찾아와 활발한 먹이 활동을 하는 이 종들은 늦은 가을철에 울릉도·독도 주변 바다의 표층 수온이 내려가면 남쪽으로 무리 지어 내려간다. 독도 바다에 겨울이 찾아오는 신호이기도 하다.

겨울이 되면 방어류는 남쪽으로 내려간다. 크리스마스 전후로 이 종들은 가장 맛이 드는데 '크리스마스 방어'라는 표현이 이제 그리 낯설지 않은 이유는 우리 국민도 서서히 방어류의 계절적인 맛의 변화에 익숙해진 때문이리라. 제주

따뜻한 바다를 좋아하는 방어는 맛으로는 겨울이 제철이다.

도 모슬포에서 매년 연말에 방어축제를 여는 것도 일 년 중 이때가 가장 맛이 있는 시기이고, 겨울을 나려고 남쪽으로 회유한 방어류가 제주도 연안에 많이 몰려들기 때문이다.

방어, 부시리, 잿방어 3종 중에서 방어가 가장 맛이 떨어지는 것으로 알려졌지만, 계절적인 차이와 개체마다 기름이 차는 정도에 따라 맛의 차이가 크기 때문에 크리스마스 전후로 3종 모두 맛이 있다고 생각해도 괜찮다.

최근 제주도 연안에 잿방어와 매우 닮은 '낫잿방어'도 가끔 나타나고 있어 방어 가족은 더 늘어날 것으로 기대된다. 아무튼 이 방어과에 속하는 종들은 맛과 멋을 함께 갖춘 우리 바다의 멋쟁이 신사라는 생각이 든다.

방어는 울릉도·독도 바다에 아열대·열대 어종이 많이 모여드는 여름 바다 소식을 가장 먼저 전하는 전령사이기도 하다. 최근 전 지구 기후변화와 관련하여 울릉도·독도 바다의 급속한 표층 수온 상승과 함께 여름 기간이 길어져 방어는 더 오래도록 울릉도·독도 바다에 머물고 있다.

여름철 독도 연안에 나타난 부시리 떼

여름이면 독도 연안을 찾는 잿방어

독도로 향하는
울릉도 어민들의 소득원, 문어

「수산업법」에 따라 우리나라 연안의 일정 구역은 어업인의 공동 이익 증진과 어업 생산성 향상을 위해 지역 어업인들로 구성된 어촌계가 관리·운영하도록 하고 있다. 독도 연안도 마찬가지이다. 독도 연안의 일정 구역에서의 수산업 활동은 울릉도·도동 어촌계에서 관리·운영하고 있다. 실제로 독도에 거주하는 독도 주민은 도동 어촌계의 일원으로 독도에서 수산업 활동을 벌인다.

도동 어촌계 계원들은 보통 오징어와 한치 조업이 끝나는 3월부터 다시 오징어 조업기가 본격적으로 시작되는 7월까지 독도의 얕은 연안에서 조업에 전념한다. 도동 어촌계의

2017년 품목별 독도 조업 생산 내역에 따르면 전복, 홍해삼, 흑해삼, 소라, 홍합과 함께 문어가 나열되어 있다. 비록 전복, 해삼 등에 비해 생산액은 많지 않지만 문어 또한 어업인들의 어엿한 소득원으로 자리 잡고 있다.

독도 문어는 덩치가 크고, 수중에서의 행동을 보면 담대한 면이 있다. 남해안에서 돌문어라 부르는 왜문어(*Octopus vulgaris*)는 대개 돌 아래 숨어 있거나 다리에 조개껍질과 잔 자갈들을 모아 붙여서 위장하고 휴식을 취하다가 밤이 되면 먹잇감을 사냥하는 종이다. 그래서 다이버들도 수중에서 이 문어를 찾기가 쉽지 않다.

한편, 동해에 서식하는 문어(*Octopus dofleini*)는 크기(몸길이)가 3미터 안팎까지 성장하는 전 세계에서 가장 큰 '대왕문어'이다. 무게는 주로 2~10킬로그램이지만 최대 190킬로그램의 기록도 있다. 이에 따라 영어 이름도 '북태평양 대왕문어North Pacific giant octopus'이다. 수컷보다는 암컷이 더 크다.

동해에 살지만 그리 깊은 수심까지 내려가지는 않고, 대개 연안의 암반 지대나 동굴처럼 은신처가 있는 200미터보다 얕은 곳에서 생활한다. 기록상으로는 1000미터 수심에

독도 남동쪽 해녀바위에서 촬영한 바위 아래에 은신한 문어

서도 확인되기도 한다. 문어는 한국, 일본, 러시아 캄차카 반도, 미국 서부 연안에서 알래스카, 알류샨 열도 등 북서태평양 해역에 넓게 분포하고 있다.

크기가 주먹만큼 작을 때는 돌 틈이나 바위 밑에 숨어 있지만, 머리가 세숫대야 크기 정도로 자란 어미 문어들은 울창한 감태 숲속 바위 위에 꼿꼿이 서 있는 자세로 휴식을 취하기도 한다.

독도 연안의 잠수 조사 때 바위 위에 서 있는 문어를 만나면 깜짝 놀라기도 한다. 물론, 그 정도 크기라면 사람을 겁

낼 필요도 없겠지만, 수중에서 만나는 해양 생물 대부분은 사람이 나타나면 놀라서 도망치거나 일정한 거리를 두고 경계심을 보인다.

대형 문어는 다리에 발달한 원형 빨판의 힘이 대단하다. 동해안에서 잠수함 위쪽의 둥근 출입구를 싸고 앉아 있는 대형 문어의 모습을 보고, 당분간 잠수함 문이 열리기 어려울 것이라면서 동해 문어의 크기가 이야깃거리로 오르기도 했다.

문어가 좋아하는 먹잇감은 새우·게와 같은 갑각류와 고둥이나 조개 같은 연체동물이다. 뿐만 아니라 어류나 해양 포유류도 잡아먹는다. 자기 몸집만 한 큰 게를 다리로 감싸고 있는 모습을 종종 볼 수 있다.

문어는 앵무새 부리처럼 생긴 입(이빨)으로 단단한 게의 다리와 등딱지를 깨부술 수 있다. 일단 문어가 다리를 뻗어 먹잇감을 휘감으면 흡착력이 강한 빨판에서 먹잇감은 쉽게 빠져나오지 못한다.

무척추동물 중에서 머리가 가장 좋다는 문어에 관한 재미있는 이야기가 많다. 2010년 월드컵 때 승리하는 팀을 알아맞혀 주목을 받은 '점쟁이 문어'에서 영화 「캐리비안의 해적」

이나 「007」 시리즈에서 집단의 상징 마크로, 또는 자신의 몸을 다른 생물의 모습으로 변신하는 능력을 지닌 '미믹옥토푸스Mimic Octopus'로 이름을 날리기도 한다.

문어는 일생에 한 번 알을 낳으며, 죽기 전까지 지극정성으로 알 덩이를 보호한다. 잠수 조사할 때 종종 바위 아래에 알 덩이를 낳아 보호하는 문어를 만나기도 한다.

산란기가 되면 암컷과 수컷은 몸을 붙인다. 수컷은 생식팔이라 부르는 오른쪽 셋째 다리 끝에 정포(정자를 모은 덩이)를 얹어 암컷의 머리를 거쳐 몸속(외투강, mantle cavity)으로 전달한다.

암컷은 작은 타원 모양의 흰색 알들이 가느다란 실에 포도송이처럼 길게 연결된 수정란을 바위 아래 수북이 붙여 낳는다. 이 알 덩이를 맴돌면서 신선한 바닷물을 불어 넣는 어미 문어의 행동에서 지극한 모성애를 느끼게 된다.

입구가 큰 바위 아래 산란장의 경우에는 주변에 돌과 자갈들을 쌓아서 외부 침입자들의 공격을 최대한 막으려는 노력도 마다하지 않는다. 알을 공격하는 작은 어류가 많아 산란장 주변을 최대한 위장한 뒤에 알에서 새끼가 나올 때까지 자리를 뜨지 않고 알을 돌본다.

마침내 알들이 부화하여 새끼들이 모두 바깥세상으로 헤엄쳐 나올 즈음이면 기진맥진한 어미 문어는 원래의 몸빛이 바래고 몸의 탄력도 잃어버린 채 조용히 생을 마감한다. 암컷이든 수컷이든 문어는 짝짓기를 하여 알을 낳은 뒤 알들이 부화하여 새끼들이 바깥 수중 세상으로 흩어져 나오면 조용히 죽음을 맞이한다.

갓 부화한 어린 새끼들은 플랑크톤처럼 떠다니면서 일정 기간 성장한 뒤에 바닥 생활로 다시 돌아와 부모와 같은 생활을 시작한다.

제사상에 오르는 문어는 맛보다 '해산물 중의 권위'로 자신의 위치를 지켜온 듯 싶다. 그래도 맛을 얘기하라면, 취향에 따라 왜문어와 문어로 나뉜다.

요리할 때 남해안과 서해안에서 주로 잡히는 왜문어는 몸을 방망이로 두들긴 다음 끓는 물에 넣는데, 이는 왜문어가 삶은 뒤에 너무 단단해져 씹기 힘들기 때문이란다. 반면, 동해의 문어는 왜문어만큼 질기지 않아서 방망이질을 할 필요가 없다.

이러한 육질의 차이로, 남해안이나 서해안에서 많이 잡히는 왜문어가 씹는 맛이 있어 더 좋다는 이들도 있고, 부드러

울릉도·독도 바다에서 흔히 볼 수 있는 문어 | 전 세계에서 가장 덩치가 큰 문어류이다.

남해안에서 서식하는 왜문어 | 동해에 서식하는 문어보다 작고 육질이 질긴 것이 특징이다.

운 동해 문어가 더 맛이 있다는 이들도 있다. 맛에 대해서는 각자의 취향에 따를 수밖에 없는 듯하다.

울릉도·독도 연안에 서식하는 대형 문어는 오늘도 감태와 대황 숲속을 어슬렁거리면서 자기가 좋아하는 먹잇감을 사냥하고 있다.

울릉도·독도의 정착성·회유성 어류

　　　　한류와 난류가 만나는 해양 특성에 따라 울릉도·독도 주변 바다는 다양한 어종이 서식하거나 회유하며, 수산어종으로도 매우 풍요로운 바다이다. 울릉도·독도 연안의 수심 약 30미터 안에서 잠수 조사로 확인된 어종은 약 110종에 이른다. 한편으로는 한류와 난류가 만나는 환경 특성에 따라 수온이 크게 달라지는 여름철과 겨울철 어종도 크게 다르다.

　연중 울릉도·독도 주변 바다에 서식하는 어류는 겨울철 수온이 섭씨 9~10도, 여름철 수온이 섭씨 24~25도로 변해도 생존이 가능한 종이다. 예를 들면 쥐노래미, 노래미, 망

독도 가지초 수심 40미터의 해송 부근 | 도화볼락과 50센티미터급 조피볼락이 모여 있다.

상어, 조피볼락, 볼락, 개볼락, 도화볼락, 가막베도라치, 그
물베도라치 등 온대성 어종과 비교적 차가운 바다에서도 서
식할 수 있는 아열대성 자리돔류인 자리돔이 연중 확인된다.

자리돔은 우리나라 난류역에 서식하는 대표적인 아열대
어종으로 제주도, 남해안 동부, 동해 왕돌초, 울릉도·독도
연안처럼 난류의 영향을 받는 해역에 서식한다. 제주도에서
자리돔과 함께 사는 연무자리돔은 제주도 연안에서만 발견
되는 열대 어종이다. 또 깊은 바다에서 사는 도루묵과 같은
어종은 알을 낳기 위해 겨울철에 독도 주변의 얕은 수심대
로 올라온다.

독도 가제바위 주변의 자리돔 떼 | 독도가 대마난류 영향권임을 보여준다.

독도 동도 선착장 주변의 도루묵 | 겨울이면 독도 연안까지 올라와서 알을 낳으며, 비교적 깊은 수심에 서식한다.

독도 연안의 수온이 상승하는 7월부터 12월까지는 난류를 따라 제주도나 남해에서 올라오는 어류로 어종 구성이 다양해진다. 여름에는 부시리, 방어, 참치방어, 파랑돔, 줄도화돔, 독가시치, 벤자리 어린 물고기, 갈돔류, 동갈돔류 등 다양한 어종을 만날 수 있다. 이 중 대부분은 난류의 흐름을 따라 흘러든 어린 개체들이다.

어린 물고기들은 자신들의 유영력으로 수백 킬로미터를 헤엄쳐 왔다기보다 여느 동물플랑크톤처럼 울릉도·독도로 향하는 대마난류에 몸을 맡겨 흘러들었다고 생각된다.

독도에서는 겨우 2~4센티미터 크기의 어린 줄도화돔이나 파랑돔은 보이지만 성어는 볼 수 없다. 이렇듯 고수온기에 새끼들만 관찰되는 것으로 보아 독도 연안에서 정착해 새끼를 낳고 살아가는 자리돔과는 생태적 회유 경로가 다른 것 같다.

따라서 이 어종은 생존하기에 수온이 너무 낮은 겨울철에는 모두 사라진다. 즉, 독도 연안을 잠시 방문하는 종으로 겨울철에는 어디론가 사라져버린다. 현재까지는 겨울철 저수온기에 사망하는 것으로 추정되는데, 환경이 거의 같은 일본(니가타현)에서는 이러한 종을 '사멸 회유종'이라 한다.

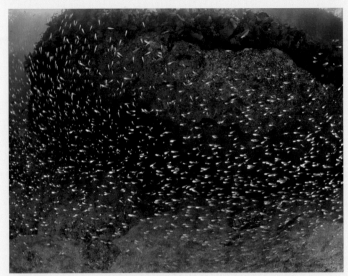

독도 해녀바위 주변의 어린 줄도화돔 떼 | 대마난류를 따라 독도 연안에 도착했다.

독도 연안의 어린 돌돔 떼 | 여름철이면 독도 연안에 나타난다.

고수온기에 독도 연안에서는 파랑돔, 줄도화돔, 독가시치와 같은 열대 어종의 수많은 무리를 자주 만난다. 독도 동도에 있는 독립문바위 북쪽의 감태 숲과 동도와 서도 사이에 있는 삼형제굴 바위 동편 자갈밭 등지에서는 수십, 수백 마리의 파랑돔과 줄도화돔 어린 물고기들이 떼 지어 다닌다.

3~5센티미터 크기에 수백, 수천 마리의 투명한 줄도화돔 어린 물고기 떼를 만나면 마치 따뜻한 열대 바다에 들어온 듯하다. 파도에 흔들리는 감태와 대황 숲에서 아름다운 빛깔의 어린 물고기로 가득한, 독특한 수중 생태와 경관을 자랑하는 독도는 '동양의 갈라파고스'라 할 만하다.

몇 년 전 울릉도 연안에서는, 제주도 연안에서 겨우 수십 마리 정도 보이던 나가사끼자리돔 어린 물고기가 확인된 적도 있다. 난류를 따라서 울릉도·독도에 온 어린 열대성 어종이다. 반면 방어와 부시리, 잿방어, 참치방어 등 난류를 따라 이동하는 표층 회유성 어종은 한여름부터 가을까지 울릉도·독도 연안에서 작은 먹잇감들을 사냥하면서 성장하다가 겨울이 되면 남쪽으로 무리 지어 이동한다. 돌돔, 말쥐치 등도 여름철 고수온기에 나타나는 어종들이다.

이처럼 울릉도·독도 연안은 계절따라 다양한 어종이 나타

독도 코끼리바위 주변의 파랑돔 | 고수온기에는 독도 연안에 개체 수가 많아진다.

났다가 사라지곤 하는데, 계절마다 자리바꿈을 하는 회유 과정에서 독도 바다는 먹잇감이 풍부한 여객 터미널의 역할을 하는 듯하다.

우리가 아직 알지 못하는 동해의 심해 어종이나 각 어종별 생활사를 정밀하게 추적 조사하다 보면 해양 생물의 다양성은 물론, 울릉도·독도 주변 바다의 해양 생물상을 좀 더 상세히 이해하게 되리라 기대한다.

03

울릉도·독도 바다의 저서생물

우리나라에서 가장 먼저 해가 뜨는 곳, 바로 동해 한가운데 위치한 울릉도와 독도이다. 가장 동쪽 끝에 있다는 위치적 특별함 외에도 우리나라 그 어디에서도 볼 수 없는 자연의 아름다움을 풍성하게 간직한 곳이다.

먼 옛날부터 이어져 온 원시림, 기암괴석, 화산활동으로 형성된 지형과 지질학적 가치, 독특하고 다양한 식물상, 희귀·멸종 위기 동식물의 자생지 등 그 가치는 유네스코 세계자연 유산의 등재를 추진할 정도로 높이 평가된다. 그 가치와 아름다움에 매료되어 해마다 많은 관광객들이 다녀가고, 또 많은 사람들이 꼭 가보고 싶은 곳으로 손꼽기도 한다.

연간 40만 명이라는 많은 사람들이 울릉도를 다녀가지만, 대부분 육상의 풍경만 보고 돌아간다. 물속에 감춰진 울릉도·독도의 수중 세계는 육지 세상처럼 쉽게 둘러볼 수 없지만 육지보다 더 넓고, 더 신비롭고, 너무나 아름답다.

수중 세계에 사는 해양 생물은 크게 물 위를 떠다니거나 헤엄치는 유영생물과, 그 물속 바위나 모래 속 또는 그 위에 붙거나 기어 다니며 사는 저서생물로 구분할 수 있다. 여기에서는 아름다운 울릉도·독도 수중 세계의 바닥을 지키며 사는 생물들을 살펴보자.

익숙한 울릉도·독도의 해양 생물

울릉도·독도 특산 바닷말류, 대황

울릉도는 모래 해안이 거의 없고, 대부분 암반 지대나 몽돌 또는 공 모양의 큰 암석으로 이루어져 있다. 울릉도·독도해양연구기지가 있는 북면 현포 바닷가에도 어른 머리 크기에서부터 지름 2~3미터까지 크기가 다양한 대형 암석들로 가득 차 있다.

관찰력과 호기심이 풍부한 관광객이라면 파랗고 투명한 바닷빛 속에 갈색 바닷말류가 파도에 이리저리 흔들리는 모습을 보았을 것이다. 바로 울릉도·독도의 대표적인 대형 바닷말류(해조류)인 대황(*Eisenia bicyclis*) 군락이다.

울릉도의 대표적인 대형 갈조류 대황 군락 | 울릉도·독도해양연구기지 수중 대형 암반 윗면에 무리 지어 서식하고 있다.

울릉도·독도해양연구기지 앞 테트라포드 | 울릉도 대표 바닷말류인 대황의 어린 개체들이 잘 붙어서 자라고 있는 환경친화적인 구조물이다.

대황은 분류학적으로 다시마목 감태과에 속하며, 수명이 약 4~6년인 대형 바닷말류이다. 한국과 일본 연안인 동북아시아에 분포하는 지역종으로, 우리나라의 울릉도·독도, 그리고 일본의 일부 지역에 제한적으로 분포한다.

대황과 생김새가 비슷한 감태가 있다. 대황과 감태의 구별은 줄기 끝이 Y자 모양으로 나뉘면 대황이고, 한 가닥으로 잎이 달리면 감태이다. 1년 차의 어린 대황은 줄기가 1개라 감태와 구별이 쉽지 않다. 예전부터 울릉도 주민들은 대황을 숫대황, 감태를 암대황이라 부르기도 했다.

울릉도 주민들은 간혹 곰피(Ecklonia stolonifera) 또는 구멍쇠미역(Agarum cribrosum)을 대황이라 부르기도 하는데, 사실 곰피나 구멍쇠미역은 대황, 감태와 생김새가 다른 바닷말류이다.

대황은 보통 2년째 가을(10~11월)에서 겨울 동안 유주자(遊走子, 무성생식을 하는 포자의 일종)를 내보내 번식하며, 유주자를 내보낸 엽상체는 녹아버리고 다시 새 엽상체가 형성되는 것으로 알려졌다.

아이오딘(Iodine, 요오드)과 칼륨을 많이 함유하고 있고, 맛이 독특하여 예로부터 다시마 대용으로 이용했을 뿐만 아니

독도 서도 어민숙소 앞 암반에 나무처럼 가지가 굵은 대형 대황 군락 | 비슷한 모양의 감태와 구별하는 가장 쉬운 방법은 가운데 Y자 모양으로 갈라진 줄기를 확인하는 것이다.

라, 최근 알긴산의 원료로 각광받고 있다. 그래서 울릉도의 식당이나 가정집 밥상에도 대황으로 만든 반찬이나 밥이 등장하곤 한다. 대황을 잘게 썰어 쌀에 섞어서 지은 대황밥은 명이나물과 함께 울릉도 주민의 독특한 먹거리이다.

바닷말류는 엽상체에 함유한 색소에 따라 녹조류, 갈조류, 홍조류로 나뉜다. 이 가운데 대황이 속한 갈조류는 엽상체에 엽록소 a와 c1, c2, c3 그리고 보조색소인 갈조소가 있어 갈색을 띤다.

이 가운데 개체의 크기가 큰 대황·감태·미역·다시마 등의

울릉도와 독도의 갈조류 숲을 이루는 대황으로 만든 반찬 | 위쪽은 울릉도 남양마을의 한 식당에서 반찬으로 나온 고춧가루 양념의 대황무침, 아래쪽은 일본 오키제도 도고섬 사이고 마을의 민박집에서 반찬으로 나온 대황초무침이다.

대형 갈조류는 바다숲을 이루는 중요한 생태적 기능을 한 다. 이렇듯 대황은 식재료로 중요할 뿐만 아니라, 조식성 해 양 동물인 전복, 소라 등의 먹이도 되는 중요한 자원이다. 울릉도·독도의 가장 대표적인 대형 바닷말류 대황은 울릉도 ·독도의 바다를 지키는 해양 생물로서 전혀 손색이 없다.

울릉도·독도의 역사를 간직한 미역

오래전 울릉도에 정착한 사람들은 주로 어떤 수산물을 채취했을까? 고려 말부터 집요하게 벌어진 왜구의 침입을 우려한 주민 보호정책의 하나로 조정에서는 먼바다로 나가는 것을 금지하는 해금海禁 정책을 실시했고, 1882년 울릉도 개척령을 시행하기 전까지 울릉도에 사람의 거주를 허락하지 않았다.

그러나 거문도를 비롯한 전라도 어민들이 울릉도의 풍족한 나무로 선박을 만들기 위해 때로 100여 명이 조정의 감시를 피해서 울릉도에 계절적으로 거주하기도 했다. 이들은 선박 건조뿐만 아니라 울릉도의 풍족한 수산물을 채취했으며, 독도로 건너가 바다사자(강치)도 포획하곤 했다.

이들이 울릉도에서 채취한 수산물은 주로 무엇이었을까? 1700년대 중반에 제작된 지도첩『해동지도』의 「울릉도편」에는 울릉도 지도와 함께 울릉도의 산물이 기록되어 있는데, 감곽(미역), 생복(전복), 가지어(바다사자) 순으로 적혀 있다. 기록에서 알 수 있듯이, 미역 채취는 울릉도에 드나든 조선 어민들의 중심 어업이었다. 이처럼 미역은 오래전부터 울릉도의 대표적인 수산물로 자리 잡아 왔다.

울릉도 사동항의 떼배 | 떼배는 울릉도에서 미역 채취에 주로 사용되었다.(1917년, 도리이 류조鳥居龍藏 촬영)

1960년대 후반 울릉도 사동항 몽돌에서 미역을 말리는 울릉도 주민들

미역(*Undaria pinnatifida*)은 1년생 바닷말류로, 주로 겨울에서 이듬해 봄까지 많이 자란다. 보통 늦은 봄에 포자엽인 미역귀에서 유주자가 방출되면 미역 엽상체가 점차 녹으면서 사라진다.

미역은 수온 분포와 해수 흐름의 특성에 따라 지역마다 성장 속도가 다르다. 울릉도에서 미역은 보통 5월 무렵에 어촌계별로 채취하며, 다른 미역 개체가 성장하는 초여름에 다시 미역을 채취하는 두벌미역을 하기도 한다.

미역은 우리나라와 일본 연안에서 자라는 대표적인 갈조류이며, 식용으로 널리 이용할 뿐 아니라 약용으로도 가치가 높은 중요한 수산자원이다. 육지에서 구입하는 상당수의 미역은 양식으로 재배한 미역이지만, 울릉도는 청정 해역에서 자란 고급 자연산 미역의 혜택을 맘껏 누릴 수 있는 축복받은 곳이다.

미역처럼 우리 생활과 아주 가깝게 맞닿아 있는 바닷말류도 드물다. 아이를 낳으면 산모가 미역국을 먹는 것은 누구나 아는 상식이다. 임산부는 임신과 출산 과정을 거치면서 갑상선 호르몬의 상당량이 태아에게 전달되어 몸이 붓는다. 붓기가 빠지려면 갑상선 호르몬의 주성분인 아이오딘(요오

울릉도 대풍감 수중 암반 윗부분에 **빽빽하게 서식하고 있는 미역 군락** | 울릉도와 독도의 돌미역은 자타공인 우리나라 최고의 미역으로 여긴다.

드)이 필요한데, 미역에는 아이오딘 성분이 풍부해 몸속의 굳은 혈액을 풀어주고 몸이 붓는 것을 방지해준다. 이는 현대 의학에서 밝혀진 사실로, 지혜로운 우리 선조들은 오래 전부터 미역을 산모에게 먹이면 좋다는 것을 알고 있었다.

순조 14년(1814) 정약전 선생은 『자산어보』 「잡류편雜類編」에 미역을 '해대海帶, 감곽甘藿'이라 표기하고, "임산부의 여러 가지 병을 고치는 데 이보다 나은 것이 없다"라고 기술하고 있다. 또한 당나라 서견徐堅 등이 편찬한 일종의 백과사전인 『초학기初學記』에 "고래가 새끼를 낳은 뒤 미역을 뜯어 먹고 산후의 상처가 낫는 것을 본 고려 사람들이 산모에게

여름철이 되어 엽상체가 녹고 미역귀만 남은 미역 군집 | 우리에게 가장 친숙하고 사랑받는 바닷말류로, 사람을 비롯한 많은 해양 생물에게 아낌없이 먹이와 서식처를 제공한다.

울릉도·독도해양연구기지 앞 미역 군락지 | 소라 한 마리가 미역귀에 올라타 미역귀만 남은 미역을 부지런히 먹고 있다. 미역은 사람뿐만 아니라 조식동물에게도 좋은 먹잇감이다.

미역을 먹인다"는 기록이 남아 있어, 이미 고려시대에 미역을 식용했음을 유추할 수 있다.

미역은 살짝 데쳐서 초장에 먹기도 하고, 말려 놨다가 물에 불려 국으로도 끓여 먹고, 기름에 튀겨 튀각으로 먹기도 한다. 우리 국민의 미역 사랑은 남달라서 엽상체뿐 아니라 암반에 붙어 있는 주름진 목도리 모양의 미역귀까지 먹는다. 그러나 미역의 자원량 보전 측면에서, 포자엽인 미역귀에서 유주자를 방출하므로 미역귀는 남겨두는 것이 좋다.

사람뿐 아니라 물속의 소라나 전복 등 바닷말류를 먹고 사는 많은 조식동물도 미역을 즐겨 먹는다. 여름이면 뭇 해양 생명들에게 아낌없이 내주고 밑둥 부분만 남은 미역의 모습을 물속에서 볼 수 있다.

삿갓조개류(속칭 따개비)

울릉도를 찾는 관광객들이 자주 찾는 수산물 먹거리는 오징어 내장탕, 홍합밥, 독도새우, 그리고 따개비 칼국수이다. 해양 생물에 관심이 많은 사람은 따개비가 바닷가 해수면 근처 바위 표면에서 쉽게 볼 수 있는 고깔 모양의 생물이라는 것을 알고 있다. 그런데 자세히 살펴보면 울릉도 따개비 칼국수의 주재료인 따개비는 좀 모양이 다르다. 고깔 모양이기는 하지만 정상부에 구멍이 없다. 사실 울릉도 따개비 칼국수의 주인공은 따개비가 아닌 삿갓조개류이다.

학술적으로 일컫는 따개비는 삿갓 모양이기는 해도 윗부분이 화산의 분화구처럼 움푹 파여 있고, 그 파인 구멍에서 덩굴처럼 보이는 만각이라는 마디가 있는 다리를 뻗어 부유생물을 잡아먹는다. 분류학적으로 따개비는 절지동물문 만각하강 따개비과에 속하며, 게와 새우류의 친척이다. 반면, 울릉도 따개비 칼국수에 들어가는 삿갓조개류는 연체동물문 복족강에 속하며, 전복과 소라의 친척이다.

울릉도 식당에서 따개비 칼국수의 주재료로 쓰이는 삿갓조개류에 속하는 진주배말(*Cellana grata*)은 파도가 비교적 센 바닷가의 암반에 서식하는 해양 생물로, 우리나라 동해안과 남해안 그리고 일본, 베트남 연안 등에 분포한다. 제주도에서도 삿갓조개의 다른 이름 '배말'이 주재료인 배말 칼국수가

울릉도의 별미 따개비 칼국수 | 삿갓조개는 해산물 국물을 내는 데 그만이며, 씹는 식감이 전복과 비슷하여 특히 크기가 큰 삿갓조개는 작은 전복을 먹는 듯하다. 최근에는 개체 수가 많이 줄어들어 큰 삿갓조개는 쉽게 잡히지 않는다.

울릉도의 별미 따개비 칼국수의 재료로 쓰이는 따개비는 왼쪽 사진의 삿갓 모양의 삿갓조개류이며, 실제 학술적으로 일컫는 따개비는 오른쪽 사진처럼 삿갓 모양이기는 하지만 윗부분에 분화구처럼 움푹 파여 있고 그 파인 구멍에서 촉수처럼 보이는 만각이라는 다리를 뻗어 부유생물을 잡아먹는다.

유명하다.

울릉도에 서식하는 삿갓조개류 진주배말의 산란 특성을 조사한 결과, 진주배말의 수컷은 7~10월 사이에 정자를 방출하며, 암컷은 7~9월 사이에 산란하는 특성이 있다. 특히, 진주배말의 주 산란 시기는 수온이 상승하는 8~9월 사이로 보인다. 울릉도 따개비 칼국수의 주재료인 삿갓조개류의 자원량 보호를 위해 적어도 산란이 일어나는 7~8월에는 채집 금지를 검토할 필요가 있다.

최근 뉴스에 따르면, 영국 포츠머스 대학의 아사 바버 교수와 그의 연구팀이 삿갓조개의 이빨이 자연계 생물체 가운데 가장 단단한 물질the strongest natural material로 구성되어 있다고 보고했다. 이처럼 삿갓조개류는 천연물 소재 연구에서 훌륭한 재료가 될 가능성이 높은 해양 생물이다.

홍합

울릉도 북쪽 연안에는, 해안가에서 약 490미터 떨어진 바다 한가운데 울릉도·독도지질공원의 지질명소인 공암孔巖이 자리 잡고 있다. 바위 표면에는 분출한 용암이 공기와 해수를 만나 갑작스럽게 온도가 떨어져 수축하면서 생성된 주상절리가 발달해 있다. 장작을 패어 차곡차곡 쌓아 놓은 형태인데, 마치 사람이 손으로 일일이 돌을 깎아 차곡차곡 쌓아 올린 듯이 그 모양이 정교하여 관광객들의 탄성이 절로 나온다.

공암의 북쪽 부분에는 높이 약 10여 미터의 아치형 해식동굴이 있다. 울릉도 주민들은 바위에 큰 구멍이 있다고 하여 오랫동안 '구멍섬'이라고 불렀으며, 바위의 모습이 마치 물속에 코를 담그고 있는 코끼리와 비슷하다고 하여 최근에는 '코끼리바위'라고도 부른다. 지질학적 연구에 따르면, 공암은 원래 울릉도와 연결되어 있었으나, 오랜 세월 파도에 깎이면서 지금처럼 바다 한가운데 있는 형태가 되었다.

울릉도 북쪽 바닷가에 위치한 공암(일명 코끼리바위) | 물 위로는 높이가 50미터이지만 물 아래로도 20~28미터의 수직 암벽을 품고 있다. 이 암벽이 홍합 군락의 중요한 서식지이다.

공암은 해수면 위로 약 50여 미터 솟아 있으며, 물 아래로 수직 바위가 연장되어 수심 20~28미터의 바닥에까지 이른다. 물속 역시 물 밖의 주상절리 구조가 그대로 잠겨 있어 각종 해양 생물의 서식처로 적합하다.

공암 주변은 지형적 영향으로 해수의 흐름이 좋고, 수심도 급하게 깊어져 수심대별로 다양한 해양 생물이 서식하기에 좋은 조건이다. 공암 물속에 들어가면 홍합(*Mytilus coruscus*)이 잔뜩 붙어 있는 수직 암벽이 가장 먼저 눈에 띌 것이다.

연체동물에 속하는 홍합은 본래 표면이 검고 윤기가 나는데, 대부분 자연 상태에서는 표면에 옅은 분홍색 석회조류나 말미잘 등 여러 부착생물이 달라붙어 본래의 검은 빛깔이 보이지 않는다. 홍합 군락을 자세히 보면, 가느다란 흰 실 모양의 작은 터럭들이 금빛으로 반짝거리는데, 바로 홍합의 '족사'라는 기관이다.

홍합은 접착성이 강한 폴리페놀릭이라는 단백질을 분비하여 수십 개의 족사로 바위에 몸을 단단히 고정시키거나 바닷물을 빨아들여 물속에 있는 영양분을 걸러먹는다. 이처럼 울릉도·독도의 거친 파도에도 암반에 단단히 고정하는 홍합 하나에서 분비하는 족사의 단백질 접착력은 약 125킬로그램을 들어 올릴 정도로 강력하다고 한다.

포항공대 화학공학과 차형준 교수팀은 홍합의 족사에서 분비하는 물질을 추출하여 화학 접착제와 달리 독성이 없어 인체에 무해하고 수술 부위에 사용했을 때 흉터가 남지 않는 생체 접착제를 발명하기도 했다.

조개의 살이 붉은색이라 하여 이름이 붙인 홍합紅蛤은 천연 원기 회복제인 타우린과 비타민 A, 비타민 B, 칼슘, 철분 등 우리 몸에 유익한 성분들을 함유하고 있어 노화방지, 골다공증 예방, 빈혈 예방과 치료 등에 효능이 있는 것으로 알려졌다.

울릉도 북쪽 바닷가의 공암 수중 어디에서나 볼 수 있는 홍합 군락 | 대부분 자연 상태의 홍합은 패각 위에 석회조류 같은 바닷말류나 따개비, 말미잘 등의 부착생물이 덮고 있다. 홍삼 한 마리가 홍합 군락 위를 기어 다니고 있다.

홍합은 '진주담치'라는 외래종이 들어오기 전에는 토산종 '담치'를 가리켰지만, 비슷하게 생긴 외래종이 들어오면서 토산종을 '참담치', 외래종을 진주담치라 부르게 되었다. 진주담치는 지중해가 고향이라 '지중해담치'라고도 한다.

참담치인 홍합과 진주담치는 모양새가 비슷해 구별이 쉽지 않지만, 홍합 껍질은 매우 두껍고 안쪽에 진주광택이 강한 반면, 진주담치는 껍질이 얇고 광택이 없다. 또한 홍합은 꼭지가 약간 구부러졌지만, 진주담치는 꼭지가 곧은 형태적 특징이 있다.

홍합과 진주담치의 생태 특성도 다르다. 홍합은 다년생이며 수심 20미터 안에 주로 분포하지만, 진주담치는 일년생이며 수심 10미터 안에 주로 분포하며 생존력이 뛰어나 수질이 좋지 않는 환경에서도 잘 자란다.

이러한 특성으로 진주담치는 우리나라에서 활발하게 양식되고 있다. 진주담치는 뛰어난 생존력으로 홍합을 밀어내고 우리나라 연안을 점령하다시피 했지만, 울릉도·독도에서는 공암의 수중 암반에서처럼 홍합 군락을 쉽게 만날 수 있으며, 홍합밥이라는 음식으로까지 등장했다.

울릉도에 서식하는 홍합의 산란 특성을 조사한 결과, 홍합 수컷은 3~7월 사이에 정자를 방출하지만 4~5월이 가장 활발했으며, 암컷 또한 4~5월에 주로 산란했다. 이러한 울릉도 홍합의 산란 시기는 남해안 홍합에 비해 1~2개월 늦게 나타나는데, 울릉도 주변의 수온 등 홍합의 서식 환경이 남해안과 차이가 있기 때문으로 보인다.

울릉도 홍합의 개체 수가 점차 감소하고 있는데, 자원량 보호를 위해 적어도 산란 시기인 4~5월에는 채집을 자제하거나 채집하는 개체의 크기를 조절하여 산란 개체군을 보호할 필요가 있다.

독도새우

2017년 11월, 트럼프 미국 대통령이 방한했을 때 청와대의 환영 만찬 메뉴로 등장한 이후 유명세를 타고 있는 울릉도·독도의 수산물은 무엇일까? 바로 독도새우이다.

울릉도·독도에서 잡히는 독도새우는 맥주병 크기만 한 크기에 한 번 놀라고, 그 맛에 또 한 번 놀란다. 독도새우의 한 종류인 도화새우는 1킬로그램에 15만 원을 넘나드는 매우 고가이지만, 그 크기와 맛은 정말 일품이다. 모 방송의 「극한직업」이라는 프로그램에 소개될 정도로 힘겨운 독도 새우 잡이 과정을 생각하면 그 가격이 또한 이해된다.

찬물을 좋아하는 한류성 해양 생물인 독도새우는 한 종을 뜻하는 게 아니다. 독도와 함께 울릉도 주변에서 잡히는 물렁가시붉은새우(일명 꽃새우 또는 홍새우), 가시배새우(일명 닭새우), 도화새우 등 세 종을 가리킨다.

이 새우들은 울릉도·독도 바다의 약 200~300미터 깊은 수심에서 통발로 잡으며, 특히 편평한 해저지형이 아닌 골짜기 모양의 해저지형에서 잘 잡힌다고 한다. 울릉도·독도 주변 바다는 심해에서 분출된 화산섬이라는 특성에 따라 이러한 골짜기 모양의 해저지형이 크게 발달해 있다.

한·미 정상회담 당시 청와대 만찬에 등장한 독도새우는 도화새우이다. 도화새우(*Pandalus hypsinotus*)는 물렁가시붉은새우와 같은 도화새우과의 한 종류로 독도새우 중에서 가장 몸집이 크다. 도화새우의 도화桃花는 복숭아꽃을 의미한다. 도화새우와 물렁가시붉은새우의 구별은 붉은색 무늬가 몸을 따라 가로 방향이면 물렁가시붉은새우, 세로 방향이면 도화새우이다.

도화새우는 약 8년생으로 추정되는데, 유생으로 부화한 후 먼저 수컷으로 성장했다가 점차 암수 비율의 조정을 거쳐 3년 차에는 암컷으로 성전환을 하는 것으로 보고되고 있

독도새우 삼총사 | 앞줄부터 도화새우, 물렁가시붉은새우, 가시배새우이다.

다. 큰 개체는 모두 암컷인 셈이다. 동해, 알래스카, 베링해, 오호츠크해, 일본 등지에 서식하고, 울릉도·독도에서는 속초와 주문진보다 주로 큰 개체가 잡힌다.

일명 꽃새우라고 부르는 물렁가시붉은새우(*Pandalopsis japonica*)는 도화새우와 마찬가지로 수컷으로 성장하다가 암컷으로 성전환을 한다. 속초, 주문진, 울릉도 등에서 주로 잡히며, 오호츠크해, 시베리아, 홋카이도 등에도 서식한다.

가시배새우(*Lebbeus groenlandicus*)는 꼬마새우과에 속하고 머리 일부가 닭 볏을 닮아 닭새우라고도 부른다. 맛은 좋지만 몸에 난 가시 때문에 껍질을 벗겨 먹기가 쉽지 않다.

울릉도·독도의 해양보호생물

유착나무돌산호

지난 2016년 국립생물자원관의 연구 과제를 수행하기 위해 독도 수중 조사에 나섰던 한국해양과학기술원 동해연구소 노현수 박사팀은 독도에서 해양보호생물이자 멸종위기 야생생물 II급으로 지정된 '유착나무돌산호'의 국내 최대 규모의 군락지를 발견했다. 발견 장소는 독도 서도의 북서쪽 수중 25미터 지점 수중 바위로, 폭 5미터에 높이 3미터로 단일 서식지로는 국내 최대 규모이다. 이전까지는 2013년 다도해 해상국립공원 지역에서 발견된 폭과 높이가 각각 1미터 미만의 유착나무돌산호 군락이 최대 규모였다.

유착나무돌산호 군체 | 수중 암초 능걸의 수심 18미터 암반에 서식하고 있다.

유착나무돌산호(*Dendrophyllia cribrosa*)는 군체와 촉수가
주황빛을 띠는 무척추동물 산호류의 일종으로, 주로 청정
해역의 수심 20~30미터 바위에 붙어 살며, 남해안과 동해
안 일부 지역에 제한적으로 분포하는 것으로 알려졌다. 유
착나무돌산호는 이동성이 없는 고착성 해양 생물이라 앞으
로 독도의 해양생태계 변화를 관찰하는 중요한 지표로 활용
할 수 있는 종이다.

울릉도에는 사동항이 위치한 가두봉 남단 부근의 수중 암
초인 능걸의 수심 18미터와 28미터 암반에 서식하는 것으로
조사되었는데, 독도에서 발견된 규모보다는 작다.

유착나무돌산호와 해송류는 울릉도·독도 바다에 현재까지 조사된 무척추동물 중에서 멸종위기 야생생물 II급으로 지정된 해양 생물이다.

거머리말

울릉도·독도의 바다에는 울창한 갈조류 바다숲을 이루는 대황·미역·감태 외에도 대부분 해안의 얕은 수심에 위치한 수중 바위 위에 뿌리를 단단히 내린 새우말(*Phyllospadix iwatensis*) 군락을 볼 수 있다. 새우말은 바닷말류가 아니라 육상 식물처럼 꽃이 피는 현화식물에 속하는 거머리말과의 수중 식물로, 대황처럼 군락 서식지 수는 많지 않지만, 해양수산부에서 해양보호생물(보호대상해양생물)로 지정할 만큼 생태적 가치와 보존 가치가 높은 생물이다.

우리나라에는 거머리말과에 거머리말(*Zostera*)속 5종과 새우말(*Phyllospadix*)속 2종, 줄말(*Ruppia*)속 1종, 해호(*Halophila*)속 1종을 합해서 모두 9종이 보고되고 있다.

우리나라 전 연안 조간대와 조하대에서 생태학적으로 중요한 역할을 하는 거머리말 군락지는 인근 연안 지역에 비해 먹이 사슬과 영양염의 순환의 관점에서 매우 생산성이

수중 암반의 대형 바위 위에 서식하는 수중 현화식물인 새우말 | 해양수산부에서 해양보호생물로 지정한 식물이나 수중 생물에게 먹이와 서식지를 제공하는 숲과 같은 역할을 한다.

높은 것으로 알려져 있다. 거머리말 군락지는 전 세계의 연안에서 산호초 생태계와 더불어 매우 생산력이 높은 생태계로 인식되어 왔다.

이렇듯 기초 생산자라는 중요 역할 외에도 다양한 해양 생물에 착생 장소를 제공하고, 파랑을 약화시켜 안정된 서식 환경을 만들어 주기도 한다. 또한 퇴적물의 축적을 돕고 강한 빛을 막아 주어 어류의 생육장이라는 역할과 수많은 무척추동물의 먹이원을 공급하는 서식지 역할을 하고 있다.

한반도에 자생하는 거머리말속의 서식 장소는 크게 조하대와 조간대 지역으로 구분된다. 썰물 때에도 수중 암반이 대기 중에 드러나지 않는 조하대에 서식하는 거머리말속의 종은 수거머리말, 왕거머리말과 포기거머리말이 있다. 울릉도를 포함하는 동해 연안과 제주도 연안에 서식하는 거머리말의 경우 주로 조하대에 서식하고 있으며, 서해 연안에는 서해의 큰 조수 간만의 차에 따라 대부분 조간대와 조하대의 경계 지역에 서식지가 발달되었으나 일부 서식지의 경우 조하대에도 넓은 초지를 형성한다.

울릉도에는 현포항과 저동항 등 파도를 막아 주는 항이나 내만 쪽 여러 곳에 거머리말속의 거머리말(*Zostera marina*)이 서식하고 있다. 거머리말류 중 가장 깊은 곳에 서식하는 왕거머리말(*Zostera Asiatica*)은 울릉도 북동쪽의 관음도 연안의 수심 20미터 해저면 모래밭과 울릉도 남쪽의 사동항 부근에 있는 가두봉 등대 서쪽의 수심 15미터 해저면 모래밭에 서식하고 있다.

특히 최근에는 울릉도 북서쪽 현포항의 거머리말 군락지에서 국제적인 멸종위기종이면서 해양수산부에서 지정한 해양보호생물인 점해마(*Hippocampus trimaculatus*)의 서식이 확인됨에 따라, 앞으로 점해마 서식지로 거머리말 군락지의 보존에 더욱 각별한 관심이 필요하다.

울릉도 현포항 안쪽 모랫바닥의 대규모 거머리말 군락 | 바닥에는 돌기해삼, 홍삼, 군소가 많이 살고 있다. 특히 이곳에 해마류가 서식하는 것으로 조사되어 서식지 보호가 필요하다.

가두봉 연안 수심 15미터 부근의 수중 현화식물인 왕거머리말 군락 | 해양수산부에서 해양 보호생물로 지정된 식물이다. 수중 생물에게 먹이와 서식지를 제공하는 숲의 역할을 하며, 현 화식물종 중에서 가장 깊은 곳에 서식한다.

해송류

울릉도·독도의 수심 25미터 이상의 비교적 깊은 바닷속 암반에서 화려하고 우아한 대형 해송류를 어렵지 않게 볼 수 있다. 특히 독도 북쪽의 큰가제바위 북쪽에 있는 가지초 주변과 울릉도 동쪽의 유인도인 죽도 수심 40미터보다 더 깊은 곳에는 대규모의 해송 군락지가 장관을 이룬다.

해송류로 알려진 각산호Antipatharia목의 종들은 전 세계적으로 약 200여 종이 있으며, 한국산 해송류는 6종이 보고되어 있다. 특히 제주도 서귀포 연안의 비교적 얕은 수심 7~45미터 지점에 매우 다양한 해송류가 서식하고 있고, 최근 울릉도의 수심 22~50미터 지점에 제주도와 다른 종의 해송류가 서식하고 있음이 보고되었다.

해송류는 생태적 희소성으로 2005년 천연기념물로 지정되었고 환경부의 멸종위기종, 해양수산부의 해양보호생물로 지정되어 보호하고 있다. 특히 울릉도는 긴가지해송(Myriopathes lata)의 북쪽 한계선으로 최근 밝혀져, 각별한 관심과 함께 해송류의 생태 특성에 대한 연구가 필요하다.

위쪽 울릉도 죽도의 수심 35미터에서 촬영한 해송과 그 주변에 서식하는 자리돔 떼 | 해송 군체 아래에 강렬한 붉은빛의 부채뿔산호와 각종 해면류가 함께 서식하면서 아름다운 수중 경관을 자랑한다.

아래쪽 울릉도 동쪽에 위치한 죽도 수심 44미터에서 촬영한 대규모 해송 군락이다.

울릉도·독도의 화려하고 예쁜 생물들

산호류

울릉도 북쪽 해안의 공암(코끼리바위)에 홍합이 가득한 수중 암반 직벽을 따라 내려가면 다양한 빛깔의 해면동물들이 서식하는 암벽들이 이어지고, 수심 20미터를 넘어서면 공암의 주상절리 조각들로 보이는 큰 바위들이 여기저기 흩어져 있는 바닥 근처에 이른다. 이곳에는 제주도에서 물회로 유명한 자리돔들이 주변을 끊임없이 맴돈다. 수심 20미터보다 더 깊은 바닥면 부근에는 제법 키가 크고, 두꺼운 가지와 가지 표면에 흰색 산호 폴립들이 꽃처럼 피어 있는 부채뿔산호(*Melithaea* sp.)를 만날 수 있다.

공암(코끼리바위) 북동쪽 수심 25미터 부근에 서식하는 부채뿔산호류 | 두껍고 윤기 나는 붉은색 가지가 돋보인다. 동그라미 속 사진은 부채뿔산호의 가지에 하얀 꽃처럼 활짝 핀 폴립들이다.

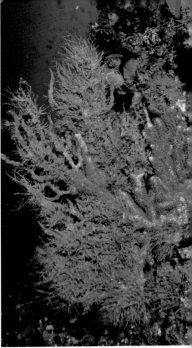

공암 해식동굴의 수심 18미터 부근에 서식하는 곧은진총산호 | 오른쪽 사진은 왼쪽 사진의 1년 후인 2017년 여름에 찍은 모습이다. 절반 이상이 히드라류로 덮여서 말라죽을 가능성이 높다. 공암의 해식동굴 수중에서 가장 아름다운 이정표였는데, 아쉬움이 크다.

울릉도·독도 수중에는 파란색을 뽐내는 곧은진총산호 (*Euplexaura recta*)도 서식하고 있다. 곧은진총산호는 1980년 대까지는 울산의 미포가 서식지 분포의 북쪽 한계선으로 보고되었으나, 이후에는 울릉도·독도 연안에도 서식하는 것으로 알려져 지금은 북쪽 한계선이 울릉도이다.

2016년 여름, 울릉도 공암의 해식동굴 수심 18미터 부근에 선명한 푸른색을 뿜어내며 곧은진총산호가 건강한 모습으로 서식했는데, 1년 후인 2017년 여름에는 가지가 히드라류로 대부분 뒤덮여 폴립이 살아 있는 가지가 크게 줄어들었다. 곧은진총산호는 부채뿔산호보다 서식 밀도가 낮아 서식이 확인된 곳이 매우 한정적인 종이라 아쉬움이 더욱더 크다.

갯민숭달팽이류

울릉도·독도의 수중은 일부 모래나 큰 자갈 서식처를 제외하면 거의 대부분의 암반이 수직에 가까운 형태이고, 절리 구조의 틈이 많아서 산호류가 서식하기 좋은 편이다. 다양한 산호류 주변에는 화려한 빛깔의 작고 예쁜 생물들이 늘 함께 보이는데 바로 연체동물인 갯민숭달팽이류이다.

껍데기가 있는 달팽이의 사촌뻘인 갯민숭달팽이는 피부와 근육, 기관으로만 이루어진 알몸으로 전 세계 해저에 약 3000여 종이 서식하는 것으로 보고되고 있다.

갯민숭달팽이류는 몸 빛깔이 눈에 띄게 화려하고 몸을 보호하는 껍데기도 없는데 물고기나 사람이 건드려도 잘 피하지 않는다.

포식자가 우글거리는 정글 같은 바닷속에서 대체 뭘 믿고

이렇게 딩딩한지 알아보니, 나름 방어 수단이 뛰어나다.

피부가 딱딱하거나 울퉁불퉁하거나 또는 까끌까끌한 종이 있는가 하면, 무거운 껍데기 대신 독이나 자포(자포동물의 독을 가진 침)로 무장한 종도 있다. 그래서 간혹 기억력이 나쁜 물고기들이 갯민숭달팽이류를 한입에 삼켰다가 바로 툭 뱉어내고 바로 꽁무니를 빼는 모습도 볼 수 있다.

독을 직접 만드는 종류도 있지만 대부분은 섭취한 먹이에서 독을 얻는다. 예를 들어 독을 지닌 해면동물을 잡아먹은 후 그 속의 독성 화합물을 몸속에 저장해 두었다가 위협을 받으면 피부 세포나 분비샘으로 뿜어낸다.

독침에 면역된 일부 종은 산호, 말미잘, 히드라충류를 잡아먹은 뒤 그 속에 있는 독침 주머니, 즉 자포를 훔쳐 자신의 몸 끝 부위에 붙이기도 한다. 바로 이러한 이유로 독을 지닌 해면동물이나 산호, 히드라충류가 서식하는 곳에서 다양하고 예쁜 갯민숭달팽이류를 만날 수 있다.

울릉도·독도 수중 세계에서 가장 쉽게 볼 수 있는 갯민숭달팽이류는 수심 5~20미터 이상까지도 해면동물이 서식하는 곳 어디에서든 관찰할 수 있는 흰갯민숭이(*Chromodoris orientalis*)이다.

그다음으로 볼 가능성이 높은 갯민숭달팽이류는 파란색에 노란색 줄무늬가 인상적인 파랑갯민숭달팽이(*Hypselodoris festiva*)이다. 수심 15미터 이상의 수직 암벽 또는 경사 90도가 넘는 오버형의 암벽에는 흰색의 곱디고운 돌기로 온몸을 감싼 눈송이갯민숭이(*Sakuraeolis modesta*)를 볼 수 있다.

그 밖에도 해면동물 군락지 주변에서 선명하고 화려한 빛깔을 자랑하는 갯민숭달팽이류를 간혹 볼 수 있는데 바로 점점갯민숭달팽이(*Chromodoris aureopurpurea*)이다. 여름에는 노란빛이 도는 하얀 알집을 산란하는 모습도 볼 수 있다.

위쪽 울릉도·독도의 수중 암반에 발달한 해면동물 군락지에서 가장 흔하게 볼 수 있는 흰
갯민숭달팽이 | 보석말미잘 옆 해면동물 주변에서 먹이를 먹고 있다.
아래쪽 울릉도·독도 수중 암반의 해면동물 서식지 주변에서 흰갯민숭달팽이 다음으로 파랑
갯민숭달팽이를 쉽게 볼 수 있다.

위쪽 울릉도·독도의 수직 암벽에 서식하는 큰산호붙이히드라류(*Solanderia* sp.) 가지에
주로 서식하는 눈송이갯민숭이 | 산란철에는 가지에 붙은 알도 볼 수 있다.
아래쪽 코끼리바위의 해면동물 군락지에서 점점갯민숭달팽이도 간혹 볼 수 있다.

04

울릉도·독도 바다의 보전

동해안 최초의 해양보호구역, 울릉도

　　울릉도·독도는 동해 한가운데 있는 섬이
라는 지리적인 특성, 그리고 심해 화산 분출로 형성된 섬이
라는 지형적인 특성으로 섬 주변에는 다양한 바닷말류가 부
착하기에 좋은 수중 암반들이 풍부하게 발달되어 있어 다양
한 해양 생물의 서식처로 안성맞춤이다. 이렇듯 울릉도·독
도는 마치 사막 한가운데의 오아시스처럼 동해 해양생태계
의 오아시스로 불릴 만하다.

　해양수산부에서는 해양생태계를 인위적인 훼손으로부터
보호하고, 해양 생물 다양성을 보존하며 해양생물자원의 지
속가능한 이용을 도모할 목적으로 「습지보전법」 및 「해양생

태계의 보전 및 관리에 관한 법률」에 따라 해양생태계 및 해양 경관 등 특별히 보전할 필요가 있는 곳을 해양보호구역 Marine Protected Area, MPA으로 지정·관리하고 있다.

2018년 12월 현재, 무안 갯벌·순천만 갯벌·서천 갯벌·인천 송도 갯벌 등 13곳의 습지보호지역, 오륙도·제주도 문섬·대이작도·울릉도·강원도 조도 등 13곳의 해양생태계보호구역과 가로림만 해역 해양생물보호구역, 보령의 소황사구 해양경관보호구역 등 모두 28곳이 해양보호구역으로 지정되어 있다.

울릉도 주변 해역은 지난 2014년 12월 29일, 유착나무돌산호, 해송류 등 해양보호생물의 서식지와 산란지를 보호하며, 산호와 해초(바닷말류) 등 우수한 해저 경관을 보전하고 관리할 목적으로 동해안 최초로 울릉도 주변 해역(39.44제곱킬로미터)이 해양보호구역으로 지정되었다. 이어서 2017년 12월 강원도 양양군의 조도 주변 해역이 지정되었다.

울릉도 연안에는 약 1200종 이상의 해양 생물이 서식하고 있으며, 다양한 산호와 해면, 말미잘 등과 함께 미역·감태·대황 등의 바닷말류 군락이 잘 발달하여 형형색색의 신비한 수중 경관을 자랑한다.

조도 주변 해역

송도 갯벌
옹진장봉동 갯벌
시흥 갯벌
대부도 갯벌
대이작도 주변 해역
가로림만 해역
신두리사구 해역

울릉도 주변 해역

습지보호지역
해양생태계보호구역
해양생물보호구역
해양경관보호구역
람사르습지

보령 소황사구 갯벌
서천 갯벌

부안줄포만 갯벌
고창 갯벌

마산만 봉암 갯벌

무안 갯벌
신안 갯벌
진도 갯벌

오륙도 및 주변 해역
나무섬 주변 해역
남형제섬 주변 해역

순천만 갯벌
보성벌교 갯벌

소화도 주변 해역
청산도 주변 해역
추자도 주변 해역
토끼섬 주변 해역

가거도 주변 해역

문섬 등 주변 해역

우리나라 해양보호구역 지정 현황도 (출처:해양 환경공단)

특히 해양보호생물인 유착나무돌산호와 국제적 보호권고 종인 해송류, 희귀종인 보석말미잘, 부푼불가사리 등 학술적 가치가 매우 높은 해양 생물도 서식하고 있다.

울릉도 연안 해역의 죽도, 쌍정초, 관음도, 대풍감, 공암 (코끼리바위), 능걸 주변은 뛰어난 수중 경관을 자랑한다. 울릉도 연안에 나타나는 어류로는 볼락, 도화볼락, 개볼락, 황점볼락, 조피볼락, 불볼락, 누루시볼락, 쏨뱅이, 뱅에돔, 감성돔, 돌돔, 참돔, 방어(부시리), 전갱이, 망상어, 쥐노래미, 혹돔, 꺽두구, 말쥐치, 쥐치, 파랑돔 등이다.

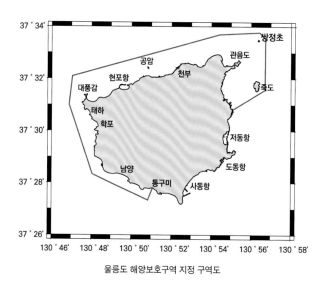

울릉도 해양보호구역 지정 구역도

울릉도 해양보호구역 안내판 | 울릉도 주요 장소에 설치되어 있다.

　울릉도 해양보호구역 지정은 울릉도 해양생태계 보호와 더불어 독도 해양생태계 보호라는 의미 있는 첫발이라 할 것이다. 해양보호구역 지정 이후 울릉도·독도해양연구기지와 울릉군 그리고 포항지방해양수산청, 경상북도에서는 해양보호구역 홍보를 위한 다양한 활동과 함께 울릉도 해양생태계 보호를 위한 노력들을 점진적으로 진행하고 있다.

　앞으로 울릉도 해양보호구역 방문자센터 운영, 울릉도·독도 해양생태 해설사 양성교육, 천부항 울릉도 해중전망대(수심 6미터에 설치) 활성화, 해양보호구역의 정기적 모니터링 및 울릉도·독도 해양생태도 제작, 울릉도 연안 어획 강도의 조절 등에 대한 적극적인 관심도 필요하다.

울릉도·독도 바다사막화,
갯녹음을 막아라

갯녹음이란 수중 암초 지대의 모자반류, 다시마·감태·대황 등 대형 갈조류의 바닷말 군락이 사라지고, 먹이 생물로는 가치가 없는 홍조류인 석회조류가 번성하여 수중 암반 표면이 홍색 또는 백색으로 변하여 어장이 황폐화되는 현상을 말한다.

지금까지 알려진 갯녹음의 원인은 크게 생태학적 원인과 인위적인 원인으로 나눌 수 있으며, 빈산소/빈영양화, 바닷말류를 섭식하는 조식성 해양동물의 증가, 하수 유입에 따른 오염, 수온 상승 등 여러 가지 요인을 들 수 있다.

특히, 연안을 개발하기 위해 사용하는 콘크리트는 원료의

63퍼센트 정도가 식회석으로 이루어져 있으며, 이 콘크리트가 바다로 흘러들어 갯녹음 현상을 가속화하는 것으로 파악되고 있다.

바다숲이 황폐해지고 갯녹음 현상이 가속화되는 직접적인 원인 중 하나로 바닷말류를 섭취하는 조식동물의 증가를 꼽을 수 있지만, 우리나라처럼 전국적으로 확산되는 광역성 갯녹음 현상을 설명하기에는 아직 미흡한 상황이다. 최근에는 지구 온난화에 따른 수온 상승이 수중 식물 군락의 지리적 분포를 바꾸고 있다는 주장도 주목받고 있다.

갯녹음이 진행되어 바다숲을 이루는 대형 바닷말류(모자반류, 대황, 감태 등)가 사라진 해역에는 바닷말류를 먹이로 하는 전복, 소라 등의 수산자원 생물도 줄어든다. 또한 바다숲을 서식처로 이용하는 다양한 어류와 무수히 많은 저서생물역시 서식 공간이 사라져 점차 수중 경관이 훼손되고, 생태적 기능을 잃은 해역으로 변한다.

갯녹음 해역은 생물 다양성이 매우 낮은, 건강하지 못한바다이다. 실제로 1994년부터 1998년까지 강릉 연안에 서식하는 다시마과의 바닷말류인 개다시마의 현존량이 급감하면서 2000년대 초에 갯녹음 현상이 심각해졌다. 갯녹음

독도의 동도와 서도 사이의 갯녹음화된 해저면 바위 | 바닷말류가 전혀 서식하지 않고, 석화된 석회조류만 일부 붙어 있다.

독도 서도의 혹돔굴 윗부분 암반 | 위의 사진과 대비되는 건강한 바닷말류 군락지이다.

이 심각해지자 미역, 다시마 등의 상업성 바닷말류와 전복, 소라 등의 수산생물이 급격하게 줄어들어 수산업 종사자들의 경제적 손실이 발생했다.

이러한 갯녹음 지역은 우리나라뿐만 아니라 미국과 캐나다, 일본 등 전 세계 바다에서 나타나고 있다. 우리나라의 갯녹음 해역은 해마다 증가해 2017년 말 기준으로 약 141제곱킬로미터에 이르는 면적에 갯녹음 현상이 발생한 것으로 파악되고 있다. 특히, 2015년 해양수산부 자료에 따르면, 울릉도·독도를 포함하는 동해 연안 전체 암반 면적 중 38퍼센트만이 정상 지역이며, 62퍼센트는 갯녹음이 진행 중이거나 심각한 것으로 조사되고 있다.

울릉도·독도 해역 역시 갯녹음 현상이 빠르게 진행되고 있다. 독도 해역의 경우 해양수산부 자료에 따르면, 갯녹음 면적이 2014년 9만 7000제곱미터에서 2017년 14만 6000제곱미터로 3년간 약 50퍼센트 늘어날 정도로 심각한 상태이다. 독도 바다의 경우에는 대황 등 바닷말류를 섭식하는 성게가 크게 늘어난 것이 주요 원인으로 진단하고 있다.

이러한 갯녹음 현상에 대응하기 위한 가장 대표적 활동이 바다숲 조성 사업이다. 우리나라와 마찬가지로 갯녹음 현상이 진행 중인 일본의 경우에는 2004년부터 갯녹음 대책 검토위원회를 설치하여 '긴급 갯녹음 대책 모델 사업'을 추진하면서, 바닷말류 군락의 변동, 갯녹음 현상의 해소 및 잔존 사례 연구, 갯녹음 현상 극복사업, 갯녹음 현상의 대책과 문제점 등을 파악하고 있다. 검토위원회는 2007년에 기존 갯녹음 관련 연구 성과를 분석하였고, 이를 바탕으로 지자체와 연구기관이 공동으로 참여하여 '갯녹음 대책 가이드라인'을 만들었다.

갯녹음 대책 가이드라인은 긴급 갯녹음 대책 모델 사업의 결과를 정리한 것으로, 갯녹음 대책 과정과 갯녹음 제거 기술을 수록하여 어업인이 갯녹음 발생과 지속 원인을 파악하여 바닷말류 증대를 위한 최적의 기술을 선택함으로써 갯녹음 치유와 바닷말류 회복에 대한 성과를 올리는 데 목적이 있다.

우리나라도 2009년부터 바다숲을 조성할 목적으로 대대적인 인공어초 투입 사업을 진행하고 있다. 성공적인 인공어초 투입 사업을 위해서는 사후 관리가 무엇보다도 중요하다.

갯녹음 현상을 해소하기 위한 바다숲 복원사업은 해양생태계의 다양성을 보전하기 위한 좋은 방법이지만, 지역별 갯녹음 현상의 정확한 원인 분석과 함께 원인에 따른 적합한 대응 방법을 적용할 필요가 있다. 이를 위해서는 정확한 갯녹음 현상의 진단과 예측을 할 수 있는 기법 개발이 필요하다.

국내에서는 최근 부산, 경남, 전남 등 갯녹음 현상이 심각하거나 진행 중인 해역에서 수중 암반에 부착된 갯녹음 유해생물(무절산호조류)을 제거하는 방법으로 갯닦기를 실시한 결과, 갯닦기를 실시하지 않은 지역보다 바닷말류가 상대적으로 더 많이 부착하여 서식하고 있음이 보고되기도 했다.

독도 바다에서도 지난 2015년부터 독도 바다의 바닷말류 서식지 훼손을 방지하기 위해 해양수산부에서 '독도 해양생물 다양성 회복사업'을 시행하고 있다. 고압 수중 분사기를 이용한 수중 암반의 갯닦기 작업, 다이버가 직접 수중에 들어가 독도 갯녹음 현상의 주원인 생물인 성게 수거 작업과 함께 먹이사슬에 따라 자연적으로 성게 개체 수를 조절할 수 있게 성게를 주로 잡아먹는 돌돔의 치어 방류 사업 또한 진행 중이다.

이러한 갯녹음 현상 대응 작업의 효과를 높이려면 성게의 생태적 습성에 관한 정밀 연구와 함께 독도 바닷말류의 유

둥근성게 군집 | 독도 동도와 서도 사이 수심 18미터 바위에 빽빽하게 서식하고 있다.

독도 서도 지네바위 주변에서 다이버가 성게를 수거(구제작업)하고 있다.

주자 방출이나 포자 방출 시기 등의 정확한 정보를 바탕으로 갯닦기 시기의 선택, 그리고 독도 주요 대형 바닷말류의 성장 특성에 관한 세부적인 연구를 선행할 필요가 있다.

울릉도·독도의 거주 여건을 개선하기 위한 해안 개발에서 발생하는 연안 생태계의 훼손에도 주목할 필요가 있다. 아울러 연안 생태계를 복원하기 위한, 그리고 해양 생물과 인류의 지속가능한 공존을 위한 생태적 공법에도 적극적인 관심이 필요하다.

울릉도·독도 바다의 보전을 위한
우리의 자세

　　현장 조사로 살펴본 울릉도·독도 연안의
해양생태계는 파도가 강한 해양 환경임에도 다양한 바닷말
류가 크고 작은 수중 암반에 비교적 풍부하게 서식하고 있
으며, 이러한 바다숲을 기반으로 소형 무척추동물에서 어류
에 이르기까지 다양한 해양 생물이 서식하는 비교적 건강한
바다의 모습을 보였다.

　그러나 적지 않은 장소에서는 갯녹음 현상으로 바닷말류
가 서식하지 않는 하얗게 변한 바위들과 함께 폐그물과 폐
통발 등 이른바 유령 어업(ghost fishing, 폐어구(통발·그물·낚시·밧
줄 등)에 걸린 물고기가 미끼가 되어 다른 물고기를 유인함으로써 포

식지 물고기가 그물에 걸려 죽는 상황이 연쇄적으로 발생, 수산자원이 고갈되는 현상)을 일으키는 해양 쓰레기도 쉽게 볼 수 있었다.

실제로 수중 생태를 조사하는 동안에 울릉도의 공암, 죽도, 능걸 등의 수중 대형 암반의 수직 벽면 수심 10~15미터에 소라 그물, 수심 15~20미터에 통발과 소라 그물이 부채뿔산호와 대형 해송류 등을 훼손하고 있음을 발견했다. 불법 그물이 드리워진 곳에 멸종위기종이 서식하고 있으므로 특별한 조치가 필요하다.

해양 쓰레기 문제는 어제 오늘의 문제가 아니다. 일본의 수족관이나 자연사박물관에는 환경보호의 중요성을 다루는 전시실이 대부분 자리 잡고 있다. 그곳에 가면 빠지지 않고 등장하는 전시물이 있는데, 바로 한국에서 해류를 따라 일본 해안가로 밀려든 해양 쓰레기이다. 전시물은 주로 라면봉지, 다방이나 술집 이름이 인쇄된 라이터, 세제통 등이다.

청정 해역 울릉도·독도 해안가 역시 크고 작은 몽돌들을 들추면 해양 쓰레기가 끊임없이 나온다. 파도와 해류를 따라 해안가로 밀려든 폐어구와 함께 동해 북측 수역에서 조업하다가 울릉도에 피항한 중국 선적 어선에서 버린 다량의 플라스틱 통을 비롯한 쓰레기들을 쉽게 찾아볼 수 있다. 주

울릉도 수중 생태 조사 중에 발견한 폐그물과 통발들 | 울릉도 가두봉 남단의 능걸 수중 암반의 멸종위기 야생동물 II급으로 지정된 유착나무돌산호 군락지의 1미터 위에 폐그물이 걸쳐져 있다(위 왼쪽). 멸종위기 야생동물 II급으로 지정된 죽도의 대형 해송 위에 통발이 걸려 있다(위 오른쪽). 그물과 통발이 해송과 부채뿔산호의 생장에 악영향을 끼치고 있다(아래 그림).

울릉도 수중 생태계 조사를 하다가 본 용치놀래기 한 쌍 | 바다에 버려진 폐그물에 걸려 있어 움직이지 못하고 죽어 가는 용치놀래기 암컷(왼쪽)과 그 곁을 떠나지 않는 용치놀래기 수컷(오른쪽). 조사를 잠시 멈추고 그물을 잘라 풀어주는 동안에도 수컷은 피하지 않고 곁에서 지켜보다가 암컷을 풀어주자마자 함께 사라졌다. 수컷의 용기와 사랑에 잔잔한 감동을 받았다.

로 플라스틱 쓰레기는 바다에서 잘게 분해되어 미세플라스틱microplastic 형태로 수중에 남는다.

　미세플라스틱의 존재는 1972년 콜턴Colton 박사 연구팀이 미국 북서부 대서양 연안에서 둥근 형태의 부유 폴리스티렌 입자의 양과 분포를 과학잡지인 〈사이언스〉에 보고하면서 알려졌다. 이후 3~4년간 미국 연안, 대서양 및 태평양에서의 소형 부유 플라스틱 입자의 존재와 분포 특성에 관한 보고가 이어졌고, 뉴질랜드 해안의 퇴적물이나 미국 연안 물고기의 체내 축적이 처음 보고되었다.

그 이후로 해양 환경 시료 중에 미세플라스틱의 농도가 지난 30여 년 동안 증가하고 있다는 사실이 처음으로 입증되면서 미세플라스틱 오염은 국제적인 환경 문제로 떠올랐다. 현재까지 보고된 해수면에 부유하는 미세플라스틱의 농도는 세제곱미터의 해수 부피당 최고 수백만 입자 수준이다.

청정 해역인 울릉도·독도에도 미세플라스틱이 존재하고 있다. 바람과 해류를 따라 울릉도·독도로 밀려드는 해양 쓰레기들이 바다에서 잘게 분해되어 해안가로 밀려들고 있기 때문이다.

독도는 울릉도의 부속도서로 대한민국의 영토이며, 또한 울릉도·독도가 있음으로 하여 대한민국은 동해에 드넓은 해양영토를 가지고 있다. 우리가 진정한 독도의 주인이라면 독도 바다를 제대로 관리해야 한다. 관리하지 않는 영토는, 그리고 관리하지 않는 바다는 더 이상 우리의 영토라고, 우리의 바다라고 주장할 수 없다. 우리가 지키고 관리하지 않는 바다는 우리에게 더 이상 무궁한 혜택을 주지 않는다.

우리나라 주변의 표층 해류는 한반도 남쪽 연안을 거쳐 동해안을 따라 북상하다가 울릉도·독도로 흘러간다. 따라

서 우리가 무심코 바다에 버린 쓰레기들이 이 해류를 따라 울릉도·독도로 흘러드는 셈이다. 울릉도·독도 연안에 흘러든 이 쓰레기들이 울릉도·독도 해양생태계를 병들게 한다. 심해 또한 마찬가지이다. 한반도 본토 주변의 심해에서 독도 주변의 심해로 향하는 심층 해류가 존재하기 때문이다.

독도 사랑은 멀리 있는 것이 아니다. 바다의 보전을 위한 자그마한 실천이 독도 사랑을 실천하는 방법이다. 이는 곧 독도에서 바다사자(강치) 남획이라는 생태적 범죄를 저지른 일본인들에게 독도를 관리하는 진정한 주인은 우리라는 것을 당당히 보여주는 최선의 방법이기도 하다.

■ 참고문헌

국립수산과학원, 2001, 한국해양편람 제4판.

국립수산과학원 동해수산연구소, 2010, 테마가 있는 생물이야기-동해.

박병섭, 2009, 한말의 울릉도·독도어업 : 독도영유권의 관점에서, 한국해양수산개발원.

박수현, 2018, 바다에서 건진 생명의 이름들, 지성사.

박찬홍·김웅서 등, 2016, 독도의 비밀 과학으로 풀다, 교보문고.

백승호·이민지·김윤배, 2017, Spring phytoplankton community response to an episodic windstorm event in oligotrophic waters offshore from the Ulleungdo and Dokdo islands, Korea, *Journal of Sea Research*, 132, 1-14.

해양수산부, 무인도서종합정보 제공, http://uii.mof.go.kr

■ 사진에 도움을 주신 분들

김병일 : 왕거머리말 군락(117쪽),

　　　　 해송과 그 주변에 서식하는 자리돔 떼와 대규모 해송 군락(119쪽)

김상준 : 해녀바위 문어(76쪽)

박수현 : 독도 연안(표지 사진)

신광식 : 부시리 떼와 잿방어(73쪽), 도화볼락과 조피볼락(83쪽),

　　　　 어린 돌돔 떼(86쪽)

이선명 : 자리돔 떼(84쪽), 파랑돔(88쪽)

최희찬 : 독도에 나타난 물개(58쪽)

울릉군청 : 독도 동도 접안장을 덮치는 파도(19쪽),

　　　　　 울릉도 오징어 어선(45쪽), 오징어 집어등 불빛(46~47쪽)

독도경비대 : 독도 서도의 겨울(20쪽)